秒懂AI提问

让人工智能成为你的效率神器

秋叶　刘进新　姜梅　定秋枫

_____ 著

人民邮电出版社

北京

图书在版编目（CIP）数据

秒懂AI提问：让人工智能成为你的效率神器 / 秋叶等著. -- 北京：人民邮电出版社，2023.8
ISBN 978-7-115-62046-0

Ⅰ．①秒… Ⅱ．①秋… Ⅲ．①人工智能 Ⅳ.
①TP18

中国国家版本馆CIP数据核字(2023)第114928号

内 容 提 要

我们在运用 AI 的时候，有时得不到自己想要的回答，于是责怪 AI 不够智能。我们容易忽略的是，AI 的回答质量往往取决于提问的质量。

本书系统地介绍了 20 种向 AI 提问的有效方法，用这些方法可以让 AI 给出高质量的回答。在介绍提问方法时，本书紧扣日常工作和生活，并通过对比让读者直观感受不同提问方法的效果，最后引出更多场景下的应用，让读者真正学以致用。

本书适合各行业对 AI 技术应用感兴趣的人群阅读。

◆ 著　　　　　秋　叶　刘进新　姜　梅　定秋枫
　　责任编辑　马雪伶
　　责任印制　胡　南
◆ 人民邮电出版社出版发行　　北京市丰台区成寿寺路 11 号
　　邮编　100164　电子邮件　315@ptpress.com.cn
　　网址　https://www.ptpress.com.cn
　　涿州市京南印刷厂印刷
◆ 开本：880×1230　1/32
　　印张：6.125　　　　　　2023 年 8 月第 1 版
　　字数：147 千字　　　　2025 年 3 月河北第 16 次印刷

定价：59.80 元
读者服务热线：(010)81055410　印装质量热线：(010)81055316
反盗版热线：(010)81055315

目录

第二部分

进阶：让 AI 帮你解决问题

第三部分

精通：充分发挥 AI 的威力

第一部分

入门：
常见的 6 种提问方法

1 指令式提问：
确保得到更精准的答案

想要驾驭 AI，就要掌握与 AI 对话的技巧。从某种角度来看，和 AI 对话，就像给下属布置任务一样。同样的任务，同样的下属，会布置任务的领导总是更容易带领下属搞定任务。

来看这样一个案例。领导需要做一个宣传方案，下达了如下任务。假如你是下属，你更可能完成哪个领导布置的任务？

普通的领导 我们最近要和 ××× 品牌合作，需要出一个宣传方案，你来做一下，后天给我。

优秀的领导 最近 ××× 品牌要与我们合作。马上到五一劳动节，他们想围绕这个节日和他们的新产品，让我们出一个节日宣传方案，以带动这款新产品的销量。

这次活动主要面向 25~35 岁的女性人群，活动方案要求包含节日三天的每日宣传安排。方案用 PPT 呈现，不要超过 10 页。

周五下午 6 点前将方案给我。

优秀的领导布置的任务更容易完成，对不对？——优秀的领导给出的信息完整，要求清晰。下属看了就知道工作任务是什么，否则下属就得花费大量时间和领导确认这个方案的具体要求。

当领导明确指出期望的结果、工作标准以及截止时间，下属能更好地理解任务要求，这不仅可以提高工作效率，还能避免不必要的误解和拖延。

在向 AI 提问时，给出的指令越清晰和具体，得到的结果越接近自己的期望。

> 指令式提问，就是提问者明确设定问题范围以及对回答的要求，通过精确、具体的指令引导 AI 生成符合预期的、更有针对性的信息。

什么样的指令才是好的指令呢？以下四大原则供大家参考。

✅ 结构清晰

下达指令前，可以借助一些经典的结构（比如常用的 5W），让自己的表达更有逻辑、更顺畅，从而形成清晰的指令。

✅ 重点突出

清晰地表达需求，可能会导致指令的内容较多。指令复杂，不利于 AI 理解提问者的需求。这时可以通过换行，突出每一条重要的指令信息。

✅ 语言简练

多用短句，少用长句，有助于精简信息。

✅ 易于理解

尽量使用表示量化或具体场景的词汇，尤其是在表达期望达到某一种效果的时候。比如当希望控制篇幅时，比起"不要太长"，明确给出"控制在 300 字以内"更容易让 AI 理解。

了解了以上原则后，我们会发现掌握一些常用的结构化提问思路，是用好指令式提问的关键。接下来我们就结合实际场景，来看看指令式提问的魅力。

参考结构：5W

英文单词	中文解释	提问启发
Why	何故	做这件事的原因是什么
What	何事	这件事具体是什么事
Who	何人	这件事有哪些人参与或者面向谁
When	何时	这件事什么时候做或者何时截止
Where	何地	在哪里做这件事

例：写营销活动策划案

小李在一家广告公司做策划。最近公司和一个牙刷品牌合作，需要小李为对方撰写针对五一劳动节的营销活动策划案，来增加新品的销量。小李没有思路，想要求助 AI。我们来看看发送给 AI 不清晰的指令和清晰的指令，会得到怎样不同的效果。（仅展示 AI 回答的部分内容。）

Before

不清晰的指令

❓ 我们最近要和某牙刷品牌合作，请你帮我为这款牙刷写一个五一劳动节的营销活动策划案。

After

清晰的指令

❓（Why）最近我们要和某牙刷品牌合作，马上就是五一劳动节了，对方需要我们出一个营销活动策划案。

（Where）这个营销活动会在线上 × 平台进行，主要在对方的自营店铺宣传。

（What）需要你帮我写一个营销活动策划案。这个营销活动策划案要包含五一假期 3 天的活动主题以及宣传方案细节。

（Who）活动主要针对25~35岁的职场白领，主要卖点为出差携带方便、刷头替换方便以及充电一次可以用一个月。

（When）策划案需要在4月15日下午6点前提交。

🅰 活动策划案：五一劳动节期间某牙刷品牌营销活动

一、活动背景

（具体内容，略）

二、活动时间

4月29日—5月1日

三、活动内容

第一天：4月29日

主题：出差"神器"，轻松拎走

（具体内容，略）

第二天：4月30日

主题：轻松更换，换刷无忧

（具体内容，略）

第三天：5月1日

主题：充电一次，续航一个月

（具体内容，略）

四、宣传方案

（具体内容，略）

五、活动效果评估

（具体内容，略）

🅰 一、活动背景

（具体内容，略）

二、活动目标

（具体内容，略）

三、活动策划

（具体内容，略）

四、活动预算

（具体内容，略）

五、活动效果评估

（具体内容，略）

六、总结

（具体内容，略）

可以很明显地看到，给出清晰的指令后，AI 的回答更加符合提问者的需求，也更加容易落地。

再展示几个不同场景下的应用案例，以便大家理解什么是清晰的指令。

例：撰写标题

Before **不清晰的指令**

❓ 请你帮我根据 "人工智能对职场沟通的影响" 这个选题撰写几个文章标题。

After **清晰的指令**

❓ 请你帮我根据"人工智能对职场沟通的影响"这个选题来撰写文章标题，写10个，有以下 4 点要求。

1. 标题中体现具体的读者群体。

2. 针对读者群体的需求提供有价值的信息。

3. 读者群体：创业者、营销人员、商务写作人群等。

4. 每个标题不超过 25 个字。

例：生成朋友圈文案

Before **不清晰的指令**

❓ 我想在朋友圈中向朋友推荐 ××× 产品，请帮我写个朋友圈 "种草" 文案。

After **清晰的指令**

❓ 我想在朋友圈中向朋友推荐 ××× 产品，请用以下框架帮我写一条号召用户

购买 ×××产品的社交
媒体文案，控制在 150 字
左右。
一、问题陈述
二、情感引导
三、解决方案
四、行动号召
五、强调意义

AI 虽然任劳任怨，不会发脾气，不会提出抗议，但是如果指令
不清晰，它只能把工作做到 60 分，甚至不及格的水平。

> 问题不是出在 AI 身上。不会提问的人，得不到好的答案。

指令式提问的应用场景非常广泛，是很常用的 AI 提问方法。下
面继续展示一些案例，以便大家举一反三，学会训练 AI。

例：撰写会议议程

Before

不清晰的指令

❓ 帮我写一个会议议程。

After

清晰的指令

❓ 请帮我写一个会议议程，
要求按照以下格式。
1. 会议开场
2. 上半年工作总结
3. 项目进展汇报
4. 活动介绍

5. 会议讨论

6. 会议决议

最后请用表格呈现。

例：创作短视频脚本

不清晰的指令

❓ 帮我写一个家庭教育方面的短视频脚本。

清晰的指令

❓ 帮我创作一个吸引人的短视频脚本，要求如下。

1. 视频主题：关于家庭教育，如何避免孩子有讨好型人格。

2. 目标受众：6~15岁年龄段孩子的父母，脚本要能让他们意识到讨好型人格的危害，以及如何鉴别和避免。

3. 视频时长：1分钟。

4. 视频风格：情景剧和知识讲解相结合的形式。

在指令、命令或请求非常明确的情况下，可以使用指令式提问，提问者要能够提供明确的信息和具体的要求。

因此，指令式提问适合需求非常具体的、工作内容偏标准化的人士使用，或者在有工作规范的场景中使用。提问者在以下场景中可以使用指令式提问，以获得更符合需求的回答。

1. 职场工作：让 AI 协助制订工作计划

明确了公司的工作目标和现状，自己制订工作计划时却总觉得思路受限？不妨考虑让 AI 帮你出谋划策。推荐运用 SCQA 模型来梳理思路，将更清晰的指令给到 AI。

参考结构：SCQA 模型

简要解释	提问启发
Situation（情景）：事情发生的背景信息	任务背景是什么
Complication（冲突）：理想与现实的差距	有什么已有的素材或信息
Question（疑问）：当前要解决的问题或要完成的任务	现在要完成什么任务
Answer（回答）：提供的解决方案	有哪些参考案例

如何用 SCQA 模型对 AI 进行提问呢？来看看下面的案例。

假设你是某公司的销售总监，现在已经明确第二季度的销售目标为 500 万元，应该如何制订销售方案呢？来看看下面的提问和回答。

❓（任务背景）我们目前要制订第二季度的工作计划，需要你根据以下信息，帮助我们拆解任务，制订详细的行动计划。

（已有素材）目前公司主要销售的产品是价值999元／人的课程，有1万名老客户。

（当前任务）我们的任务：第二季度销售业绩达到500万元。请你根据我们公司的现状制订几套可选择的方案，帮助我们完成任务。

（参考案例）每套方案中需要提供一些参考案例。

🅰️ 根据您提供的信息，我将为您制订几套可选择的方案，并提供相应的执行参考案例，以帮助您完成第二季度的销售目标。

方案一：提高产品销售量

目标：增加产品销售量，以提高销售业绩。

行动计划如下。

a. 销售团队培训：为销售团队提供专业的销售技巧培训，以增强其销售能力和与客户沟通的能力。

b. 促销活动：设计吸引力强的促销活动，如打折促销、提供赠品、复购享优惠等，以吸引新客户和激发老客户的复购意愿。

c. 关怀老客户：建立客户关系管理系统，定期与客户进行互动，提供个性化的服务和专属优惠，以增加客户忠诚度和提升客户复购率。

d. 开发新客户：通过市场推广、线上线下宣传等方式吸引新客户，扩大潜在客户群体。

e. 数据分析：利用销售数据进行分析，了解销售情况、客户偏好等，以调整销售策略和优化销售效果。

参考案例：某公司通过与行业协会合作，举办线下研讨会，吸引潜在客户参与。在研讨会上，该公司提供精准定位的演讲和进行案例分享，以吸引客户并使之建立信任感。同时，在研讨会期间提供限时优惠，以促使客户进行购买。

（更多内容，略）

可以看到，我们有非常清晰的任务信息或者需求时，通过指令式提问的方法向 AI 进行提问，能够获得更加全面和更加匹配的答案。

2. 培训教学：一键生成培训大纲

指令式提问因为信息明确，还非常适合教育行业中的一些培训场景，比如帮助讲师撰写培训大纲、培训教案等。

讲师明确培训主题后，可以借助黄金三点法向 AI 进行提问，快速得到一份合格的培训大纲。

参考结构：黄金三点法

简要解释	提问启发
是什么	现在要完成的任务是什么
为什么	完成这个任务的目的是什么
怎么做	关于完成任务的要求有哪些

如何用黄金三点法对 AI 进行提问呢？来看看下面的案例。

假设你是一位培训讲师，要面向企业进行一场关于直播的培训，你该如何向 AI 进行提问呢？来看看下面这个示例。

❓ （是什么？）你是一位培训讲师，现在要面向企业进行一场以"直播带货"为主题的培训。

（为什么？）培训的目的：

1. 让企业员工意识到直播带货的重要性；

2. 让企业员工能够上手直播，掌握基本的直播技巧。

（怎么做？）培训大纲需要满足以下3个要求：

1. 培训时间为2天，培训大纲需要结合时间来设计；

2. 培训大纲需要细化到3级标题，包含培训的具体内容；

3. 培训大纲要包含带领学员实操的环节和时间。

AI 培训主题：直播带货

培训时间：2天

第一天

第一部分：直播带货的重要性（1小时）

1.1 直播带货概述及其趋势（30分钟）

直播带货的定义和发展历程

直播带货对于电商行业的重要性和前景

直播带货的成功案例和效果分析

1.2 直播带货的商业价值（30分钟）

直播带货对企业销售额的提升作用

直播带货在品牌传播和增强用户黏性方面的优势

直播带货对产品推广和市场拓展的贡献

第二部分：直播带货基础知识和准备（2.5小时）

2.1 直播带货的基本流程和关键环节（30分钟）

直播带货的基本流程和步骤

直播带货的核心要素和关键环节

2.2 主题和产品准备（1小时）

如何选择适合直播带货的主题或产品

如何准备产品和演示素材，增强直播效果

2.3 直播平台和工具介绍（1小时）

直播平台的特点和选择

直播带货所需的基本工具和设备介绍

实操：使用直播平台和工具进行直播带货

（更多内容，略）

注意事项

1. 指令越清晰、越具体，AI 的回答越精准。

2. 想要进行好的指令式提问，可以多积累好的提问结构，帮助自己梳理真实需求，从而进行更清晰的表达。

3. 在工作中遇到自己不明确写作结构的情况，比如撰写会议记录、公文等，可以让 AI 提供写作框架，再让 AI 用这个框架生成相应的内容。

2 角色扮演式提问：
秒变专家的 AI 更睿智

试想一下，我们在遇到问题或者想要学习某一个领域的知识时，会更倾向于询问完全没有经验的小白，还是有丰富经验的专家？

比如，当想找人帮自己制订一个健身计划时，你会找下面哪个人？

A. 大学生

B. 健身教练

相信大多数人都会选择有相关经验的健身教练。

如果说指令式提问适合很了解自己需求的专业用户，那么使用角色扮演式提问，就是让 AI 变成专家。

角色的转变会大大提升 AI 回复的质量，神奇吧？

或许有些人会有疑问，给 AI 赋予专家身份，AI 就真的能成为专家吗？

AI 拥有强大的数据库，当用户在跟 AI 对话时，用户发出的每一次指令，其实都是在调用 AI 数据库中的信息。用户发出的指令越明确，AI 调用的信息越精准。

当用户赋予 AI 特定身份时，AI 也会匹配更符合该身份的数据库信息。因此，如果想要 AI 更好地完成一项特定任务，可以先赋予它专家身份。

使用角色扮演式提问时，提问者需要明确 AI 需要扮演的角色，并清晰地表达。提问者可以使用一些句式帮助 AI 理解它将要扮演的角色，例如：

我想让你扮演一名 ×××

假设你是 ××××

请你担任 ××××

你是一位 ××××

来看看下面的案例。（仅展示 AI 回答的部分内容。）

例：让 AI 生成食谱

<table>
<tr><td>Before</td><td>**未赋予身份**</td><td>After</td><td>**赋予身份**</td></tr>
</table>

未赋予身份

❓ 请帮我为两个人设计一份素食食谱。

🤖 当然可以！以下是为两人设计的一份素食食谱，包括前菜、主菜和甜点。希望你会喜欢！

前菜：凉拌黄瓜

材料：

黄瓜 2 根

大蒜 3 瓣

（更多内容，略）

步骤：

将黄瓜洗净切成片，放入盆中……

主菜：腐皮卷心菜卷

材料：

豆腐皮 4 张

赋予身份

❓ 假设你是一名营养师，现在需要为两个人设计一份素食食谱，请提供。

🤖 当然可以！以下是一份为两人设计的素食食谱，包括早餐、午餐、晚餐和小吃。这份食谱旨在提供丰富的营养，包括蛋白质、膳食纤维、维生素和矿物质。

早餐

燕麦粥（配以蓝莓、香蕉和坚果碎）

一杯豆浆或杏仁奶

午餐

藜麦沙拉：煮熟的藜麦，切碎的彩椒、紫洋葱、黄瓜、樱桃番茄、鳄梨和菠菜，可加入罗勒、薄荷或香菜。

晚餐

糙米：与咖喱一起食用，可提供更

（更多内容，略）

步骤：

香菇、豆腐皮和卷心菜切丝，姜切末……

甜点：香蕉奶昔

材料：

香蕉 2 根

（更多内容，略）

丰富的营养和口感。

蒸西兰花和胡萝卜：可用一点橄榄油、柠檬汁和黑胡椒调味。

小吃

坚果和干果：杏仁、核桃、腰果和葡萄干等。

蔬菜配脆皮豆：胡萝卜、黄瓜和芹菜等蔬菜搭配脆皮豆。

请注意，这份食谱是通用的素食建议，您可以根据个人喜好和营养需求进行调整。如有特殊饮食需求或过敏症状，请咨询专业营养师。

从这个提问的回答可以很容易看出，为 AI 赋予营养师的身份后 AI 提供的素食建议要比之前的更加符合提问者的真实需要。

再看看其他场景下使用普通提问方法与使用角色扮演式提问 AI 的回答，两者的区别也很大。（仅展示 AI 回答的部分内容。）

例：新媒体选题策划

Before **未赋予身份**

❓ 最近 AI 应用很火，我想针对 AI 在新媒体写作方面的应用进行介绍。请你给我提供 10 个与之相关的新媒体文章选题。

After **赋予身份**

❓ **你是一位资深的新媒体文案创作者。**最近 AI 应用很火，我想针对 AI 在新媒体写作方面的应用进行介绍。请你给我提供 10 个与之相关的新媒体文章选题。

(AI) 1. AI 在内容营销中的实际应用与案例分析 2. 利用 AI 进行新闻报道与社论写作的探索 3. AI 与人类的完美结合：探索新媒体写作的新方式 4. 利用 AI 提升社交媒体平台内容策划和运营效率 （更多内容，略）	**(AI)** 1. 如何利用 AI 优化内容，提升新媒体创作效率 2. 新媒体营销：AI 如何提升品牌故事的吸引力 3. 新媒体写作助手：AI 如何助力个人品牌建设 4. 提升内容质量：AI 助你优化新媒体文章的结构 （更多内容，略）

例：制订健身计划

Before **未赋予身份**	*After* **赋予身份**
(?) 请帮我制订一个健身计划。	**(?)** *假设你是我的私人健身教练*。请帮我制订一个健身计划。
··	··
(AI) 这个健身计划为期 6 周，每周进行 5 次锻炼，每次锻炼时长约 45 分钟。锻炼项目包括有氧运动、力量训练和拉伸，以实现全面的健康状况改善。 以下是每周的锻炼安排。 周一：有氧运动、核心训练 周二：有氧运动、上肢力量训练、拉伸 周三：有氧运动、拉伸、下肢力量训练	**(AI)** 以下是一个为期 8 周的健身计划，每周包含 5 天锻炼，2 天休息。该计划将结合有氧运动和力量训练来帮助您达成健身目标。 周一：有氧运动 + 力量训练 周二：有氧运动 周三：休息 周四：有氧运动 + 力量训练 周五：有氧运动 周六：休息 周日：有氧运动

周四：有氧运动、拉伸、核心训练

周五：有氧运动

周六和周日：休息

在完成了前面 8 周的锻炼后，您应该已经看到一定的成果并且体能有所提高。

接下来，我还可以为您提供一份更进一步的健身计划，以便您在接下来的 8 周里继续取得进展。这份计划将增加锻炼的强度和频率，同时仍包含有氧运动和力量训练。

下面的表格中列出了更多使用角色扮演式提问的例子，相信这一定可以打开大家的提问"脑洞"。

赋予的身份	参考指令
会计	我想让你扮演一名专业会计，为小企业制订一个财务计划，重点是节约成本
诗歌创作者	你现在是一位非常优秀的现代诗歌创作者，请你以"梦想中的未来"为主题写一首诗歌
校对人员	我想让你担任校对人员。我会给你提供文本，我希望你审查文本的书写、语法或标点符号等方面的错误。当你完成了对文本的检查，请给我提供任何必要的修改意见或建议
数学老师	我想让你扮演一名数学老师。我会提供一些数学公式或概念，请用通俗易懂的语言解释它们。我的第一个请求是"我需要你帮助我理解'概率'这个概念"
编剧	我想让你担任编剧。你将为故事片或网络连续剧创作一个吸引人的、有创意的剧本。我的第一个要求：写一个以巴黎为背景的浪漫电影剧本

使用角色扮演式提问，用户要通过让 AI 扮演专家的方式来获得更优质的回答，从而解决问题。

一方面，角色扮演式提问非常适用于一些有专业门槛的领域，或者需要一定专业能力才能进行的任务，比如设计营养食谱、制订健身计划等。

另一方面，为 AI 赋予身份，可能会得到意想不到的回答，因此角色扮演式提问也适用于一些需要想象力的领域，比如游戏对话设计、小说创作等。

以下是一些应用案例。

1. 课堂教学：用 AI 帮助老师提升教学效果

老师使用角色扮演式提问，不仅能够发现学生的学习难点，还可以进一步找到解决这些难点的方案。

让 AI 给出学生在学习时可能会遇到的难点，老师在备课时可以针对学生可能会遇到的难点进行准备，达到更好的教学效果。

看看下面这个提问演示吧。

第一步，让 AI 扮演学生，指出学习难点。

> ❓ 我想让你扮演一名大一的学生。我会告诉你我要教学的课程内容，你来告诉我作为学生你可能会遇到的难点，可以吗？

> 🅰 当然可以！作为一名大一的学生，我很愿意帮助你了解我在学习中可能会遇到的难点。请告诉我你要教学的课程内容，我将尽力为你提供

相关的信息。

❓ 我是一名教授传播学的大学老师，即将给你讲解"拉斯韦尔模式"，你在学习的过程中会遇到什么难点呢？

🅰 作为一名大一的学生，在学习"拉斯韦尔模式"的过程中我可能会遇到以下难点。

   1. 过于抽象和理论化：作为一个理论模型，拉斯韦尔模式对我来说过于抽象和理论化，我可能会难以理解模型的概念和背后的原理。

   2. 多个要素的复杂性：拉斯韦尔模式涉及多个要素，如传播者、信息、媒介、效果、受众等，我可能会感到困惑和混乱，不知道如何将这些要素联系起来。

   3. 实际应用的挑战：我不知道如何将拉斯韦尔模式应用到实际的传播案例中，以及如何分析和评估模型在实际情境中的有效性。

第二步，让 AI 扮演老师，针对学习难点给出解决方案。

❓ 假设你是一名教授传播学的大学老师，我是一名学生，你即将给我讲解"拉斯韦尔模式"。我会告诉你我遇到的问题，请你帮我解答，可以吗？

🅰 当然可以！我会尽力为你解答有关拉斯韦尔模式的问题。请告诉我你遇到的问题是什么，我将尽力提供清晰和详细的答案。

❓ 我很难理解这个理论模型，拉斯韦尔模式的五个要素对我来说可能过于抽象和理论化，你是否能举一个具体的案例帮助我理解呢？

⚙ 当然！我会通过一个具体案例来帮助你理解拉斯韦尔模式的五个要素。假设你是一家公司的市场营销经理，负责推广一款新的健康饮品。你决定应用拉斯韦尔模式来制订你的传播策略。

拉斯韦尔模式的五个要素：传播者、信息、媒介、效果和受众。

1. **传播者**：在这个案例中，你就是传播者，你负责制订并执行传播策略，以推广公司的健康饮品。

2. **信息**：你需要确定要传达的核心信息。这可能包括健康饮品的特点、功效、成分、独特卖点等。你需要确保信息准确、有吸引力，并与目标受众的需求相匹配。

3. **媒介**：选择合适的媒介来传播信息是关键。你可以使用多种媒介，如电视、社交网络、传统出版物、宣传单等。你需要考虑使用哪种媒介最适合将信息传达给你的目标受众，并在预算范围内选择适当的媒介。

4. **效果**：在制订传播策略之前，你需要明确你希望通过传播达到的效果，比如，是增加销量，还是提高品牌认知度，又或者是改变受众的态度或行为。评估指标应该与你的目的一致，以便衡量传播活动的成功与否。

5. **受众**：了解目标受众的特征、兴趣和需求是至关重要的。在这个案例中，目标受众可能是健康意识强的、年轻的运动爱好者。你需要针对目标受众的特点和需求来制订传播信息和选择媒介。

现在，让我们将这些要素应用到具体的案例中。

你的公司推出了一款健康饮品，主打提供能量和补充营养。你的目标是吸引年轻的运动爱好者，以及那些追求健康生活方式的人。

作为传播者，你确定核心信息是饮品的天然成分、营养价值和提供能量的功效。你希望传达出这款饮品有益健康和提供持久能量的特点。

为了传达这些信息，你可以选择使用多种媒介。例如，你可以制作一段电视广告，展示饮品的天然成分、年轻人享用饮品的场景以及他们在运动中获得能量的画面。此外，你可以通过社交媒体平台发布有关健康饮品的营养知识、运动技巧和用户分享的实际体验，以吸引目标受众的注意。

在评估效果方面，你可以设定明确的目标，如在一个季度内销量增加20%。你可以通过销售数据和社交媒体上的用户参与度等指标来衡量传播活动是否达到了预期效果。

最后，了解你的目标受众是关键。你可以进行市场研究，了解年轻人和运动爱好者的喜好、习惯和需求。你可以与运动场所、健身教练和健康生活博主等合作，以吸引目标受众并提高品牌认知度。

通过以上的例子，你可以更好地理解拉斯韦尔模式的五个要素是如何在实际的传播策略中应用的。请记住，每个案例可能会有不同的要素权重和具体操作方式，但拉斯韦尔模式提供了一个框架，帮助你更系统地思考和规划传播活动。

2. 商务谈判：让 AI 成为你的谈判专家

员工在面对合作方提出的潜在疑虑时，使用角色扮演式提问，可快速找到针对性的解决思路，并运用更专业的商务谈判话术来回应，从而提升自己的商务谈判能力。来看看下面的案例。

❓ 我想让你扮演一位商务谈判专家，我和你进行商务谈判，你的目的是尽量达成合作。我会向你提出我针对合作的一些疑惑以及顾虑，你要用商务谈判技巧说服我合作。明白吗？

🅰 当然，我明白您的要求。作为一位商务谈判专家，我将尽力使用商务谈判技巧来消除您对合作的疑虑，并努力达成我们的合作目标。请告诉我您的疑虑，我们就可以开始商务谈判了。

❓ 你说你们的产品质量是市面上最好的，但是我认为产品价格确实太高了，即便批量采购，成本还是很高。你们的产品的性价比好像不太高。

🅰 感谢您提出疑虑。我完全理解您对产品质量和成本的考虑，愿意就这个问题进行几点说明。

第一，我要强调的是我们产品的高质量和卓越性能。尽管我们的价格相对较高，但我们的产品在市场上享有良好的声誉，并受到了广泛的认可。我们投入了大量的研发和创新费用，以确保产品质量和性能达到最佳水平。这意味着我们的产品在使用寿命、可靠性和功能方面表现出色，从而为您带来更长久的价值。

第二，虽然我们的产品价格相对较高，但我们提供了一系列增值服务和支持，旨在帮助您实现更高的效益。这些服务可能包括定制化解决方案、技术支持、培训以及售后服务等。我们的专业团队将与您合作，确保您能够充分利用我们的产品，从而最大限度地提升您的业务效率和竞争力。

第三，我们可以探讨一些合作方式，以降低您的采购成本。我们可以考虑制订一个长期合作协议，基于批量采购来实现价格的优惠。此外，我们可以协商付款方式和条件，以减轻您的财务压力。我们非常愿意与您合作，共同找到一种双方都满意的解决方案。

第四，我还想强调一下我们公司的可靠性和潜力。与我们合作，您就是
与一家有着良好声誉和稳定发展动力的公司合作。我们的目标是与您建
立长期的合作关系，共同成长和成功。我们将全力以赴，确保您在合作
过程中得到最大的价值。

希望这些说明能消除您的疑虑，我也愿意听听您的看法，并与您继续讨
论如何达成合作。

3. 心理疏导：让 AI 帮你排解心中的烦恼

现在的社会压力非常大，很多人或多或少存在一些心理问题，
或者会不定期地感到烦恼，而且对于有些事情，他们不好和身边的
人沟通。

这时使用角色扮演式提问，就能很好地解决这个问题。来看看下
面这个案例吧。

❓ 请你扮演一位心理咨询师，和我聊聊天，帮我解决一些烦
恼。可以吗？

🅰 当然可以！作为一位心理咨询师，我很愿意与您交谈并帮助您解决烦
恼。请告诉我您的烦恼是什么，我会尽力提供支持和建议。

❓ 我最近工作压力非常大，完不成业绩目标，总是担心自己
会被裁员，领导也不认可我，这导致我经常睡不好。

Ⓐ 听起来您正在面临工作压力和焦虑的问题，这是很常见的情况。首先，请您放松一下，深呼吸，我们可以一步一步来处理这个问题。

首先，让我们看看您感到压力的原因。您提到了未能完成业绩目标和担心被裁员，这可能会让您感到焦虑和不安。请记住，工作中有压力是正常的，但过度的压力可能会对我们的身心健康产生负面影响。

以下是一些应对工作压力的建议。

1. 制订合理的业绩目标：确保您的业绩目标是合理和可实现的。如果您觉得业绩目标过高或不切实际，可以和领导沟通，并寻求适当的支持和指导。

2. 寻求支持：与同事或朋友交流，分享您的感受和困扰。他们可以提供支持、建议或帮助您从不同角度看问题。

3. 管理时间：制订有效的时间管理计划，优先处理重要任务，并确保给自己留出一些休息和放松的时间。合理分配时间可以帮助您更好地应对压力。

（更多内容，略）

最重要的是，您要记住自己不是孤单的。很多人都面临类似的挑战，但这是有应对方法的，您需要以积极的态度，寻求支持，并给自己一些时间来调整和恢复。希望这些建议能对您有所帮助。如果您还有其他问题或需要进一步的支持，请随时告诉我。

4. 游戏设计：让 AI 设计游戏角色对话

角色扮演游戏是一种流行的游戏类型，玩家可以扮演虚拟角色，在游戏中进行冒险、解谜和社交互动。使用角色扮演式提问，可以生成一些游戏角色对话、游戏剧情等。来看看下面的案例。

假设，我们要制作一款背景为三国时代的游戏，让 AI 生成一段游戏角色的对话。

? 我们在三国时代，我是貂蝉，你是吕布。接下来我们会进行一系列的对话。

....

AI 没问题，我会扮演吕布，我们可以开始对话了。

? （貂蝉）吕将军，我们现在身处危险之中，四面楚歌，该如何应对？

....

AI （吕布）貂蝉，不要惧怕。虽然局势紧张，但我有绝对的信心保护你。我们可以利用敌人内部的分裂，寻找机会与他们交战。另外，我们还可以借助地形，采取防守的策略，为我们的盟友争取更多的时间。

? （貂蝉）但吕将军，敌军实力强大，我们如何能够抵挡他们的攻势呢？

....

AI （吕布）我们可以运用灵活的战术来对抗敌人。我会亲自领兵，充分发挥我们的优势，如骑兵的机动性和火力优势。此外，我们也可以寻求其他英雄的支援，共同对抗敌人。

? （貂蝉）吕将军，您对我如此信任，我会尽我所能为您效劳。如果有可能的话，我也想亲自参战，贡献一份力量。

....

AI （吕布）貂蝉，你的勇气和决心令我敬佩。但考虑到你的身份特殊，你更适合在后方提供情报和策略支持。你的聪明才智可以为我们制订更好的战略，并且你的存在也将鼓舞士兵们的士气。

以上是我们的对话，如果你有任何其他要求或者想继续进行角色扮演，可以随时告诉我。

注意事项

1. 角色扮演式提问可以配合指令式提问一起使用，专业的身份加上明确的指令，会使提问者得到更优质、更精准的回答。

2. 因为 AI 的数据库中信息有限，所以针对一些领域的提问，即使已经为 AI 赋予专家身份，AI 的回答也不一定正确，比如医学领域、法学领域、前沿研究领域等。

3 关键词提问：
让回答更具针对性

请试着代入一下这个场景，领导说要做一个关于竹筒奶茶的新项目，让你来负责。你若不知道从哪里入手，会怎么问领导？

提问一：领导，这个项目我没接触过，该咋做呀？

领导听你这么问，估计不会给你明确的回答，甚至会认为你不想做这个项目。

提问二：领导，为了完成这个项目，我应该先分析市场需求还是先制订预算？

如果这么问，领导就会给你指明接下来工作的重点方向，甚至会给你增加人手，从而让你顺利完成这个项目。

显然，在这个场景里，提问二抓住了提问的关键点，"分析市场需求"和"制订预算"是两个非常明确的关键词，有了这两个关键词，领导才能给你提供建议和指导。

其实在这个场景里，你可以将领导看作 AI，而你作为提问者，只有掌握了使用关键词提问的技巧，才可能获得想要的回答。

那么什么样的关键词是好的关键词呢？请试着对比分析一下这两句话。

提问一： *在婚姻中，如何保持幸福感？*

提问二： *在婚姻中，如何保持富足的生活和愉悦的身心？*

看到第一个问题时你会怎么回答？是不是感觉问得太宽泛了，不知道要从何说起。

而第二个问题一下子抓住重点，"富足的生活"和"愉悦的身心"是关键词，聚焦这两点，你就可以进行回答。

再看一下这两句话。

提问一： *亲爱的，晚餐你想吃什么？*

提问二： *亲爱的，晚餐你想吃火锅还是烧烤？*

在这个场景中，相较于提问一，提问二中不仅有主题，还给出了具体的选择（"火锅"还是"烧烤"），回答者需要思考的范围更小，提问者从而可以更快获得具有针对性的回答。

相信你已经看出来了，关键词提问是通过将关键词放在问题或指令中，帮助 AI 更准确地理解提问者的问题，让 AI 的回答更具针对性。

好的关键词提问通常是**清晰、具体、明确**的，这可以让 AI 更准确地理解提问者的意图，同时也能更精准地回答问题。

那么，如何确定关键词、进行好的关键词提问呢？以下是一些具体的建议。

✅ 确定问题核心

首先思考问题的核心是什么。好的关键词通常可以直接反映问题的主要内容。

✅ 保持简洁

避免使用过多的关键词。选择最相关、最能描述问题的关键词，以简洁明了的方式提问。

✅ 使用专业术语

如果适用，请使用相关领域的专业术语。这可以提高提问的准确性，让回答更具针对性。

✅ 避免歧义

确保所选关键词在语境中清晰无误，避免使用容易引起误解的关键词。

✅ 结合具体情景

尽量将关键词与具体的情景、案例或背景相结合，以便 AI 更好地理解问题。

✅ 尝试使用同义词

如果发现关键词不够准确或没有得到满意的回答，可以尝试使用同义词或其他相关词汇。

✅ 适度细化问题

如果问题过于宽泛，尝试将其细化，使用更具体的关键词来描述问题。

来看几个不同场景下关键词提问的应用案例。（仅展示 AI 回答的部分内容。）

对比 1：

| Before | 关键词模糊 | After | 关键词具体 |

Before

❓ 如何让 PPT 更好看？

🅐 1. 设计简洁：保持幻灯片设计简洁明了。

2. 颜色搭配：选择和谐的颜色搭配，以使演示文稿整体协调。

3. 字体选择：使用易读的字体，以确保呈现出的信息清晰易懂。

4. 字体大小：确保字体大小适合观众阅读，不要过小。

5. 信息呈现：避免在幻灯片上堆砌过多文字。

6. 图片质量：使用高质量的图片，避免使用模糊或低分辨率的图片。

7. 一致性：保持幻灯片的设计、字体和颜色等元素的一致性。

（更多内容，略）

After

❓ 如何让 PPT 排版更简洁？

🅐 1. 模板选择：选择一个合适的 PPT 模板，这将为整个演示文稿提供一个统一的基础。

2. 统一配色方案：在整个演示文稿中使用相同的配色方案，以确保视觉上的一致性。

3. 统一字体：全文使用一种或两种字体，以保持幻灯片的一致性。

4. 保持字体大小一致：确定合适的字体大小并在整个演示文稿中保持一致。

5. 使用主题：利用 PowerPoint 的主题功能，可以轻松地将相同的设计元素、颜色和字体应用到整个演示文稿中。

6. 统一图表和图形风格：在演示文稿中使用相同风格的图表、图形和图像。

7. 一致的动画和过渡效果：为幻灯片添加动画和过渡效果时，尽量保持简洁、统一。

（更多内容，略）

对比 2：

Before 关键词模糊

After 关键词具体

❓ 如何备考？

❓ 怎样通过自学考上大学？

AI 1. 确定考试内容：了解考试的范围、结构和难度。
2. 制订学习计划：根据考试内容和自己的时间安排，制订合理的学习计划。
3. 学习资料准备：准备好相关书籍、笔记、练习题等学习资料。
4. 积累知识：根据学习计划，有计划地进行学习，并逐步积累知识和技能。
5. 做模拟题：在备考过程中，可以通过做模拟题来检验自己的掌握情况和水平。

（更多内容，略）

AI 1. 了解自学考试政策和规定：不同省份的自学考试政策和规定可能有所不同。
2. 选择报考学校和专业：根据自己的兴趣和职业规划，选择适合自己的学校和专业。
3. 制订学习计划：自学考试需要自主学习，需要制订合理的学习计划。
4. 准备考试：准备阶段需要积累知识和技能，可以通过……
5. 参加考试：自学考试通常有两个阶段，第一个阶段是初试，第二个阶段是复试。

（更多内容，略）

对比 3：

Before 关键词模糊

After 关键词具体

❓ 如何赚到第一桶金？

❓ 新媒体编辑如何在五年内月入过万？

1. 找工作：通过投递简历、面试等

1. 专业素质：一名优秀的新媒体编

方式找到一份稳定的工作，获得第一笔收入。

2. **兼职打工**：通过在学校、社区、商场等地方找到兼职工作，赚取第一笔零花钱。

3. **利用技能赚钱**：如果你具备某些技能，比如绘画、编程、翻译等，可以利用这些技能赚取收入。

（更多内容，略）

辑，需要具备扎实的文化素养、优秀的写作能力、熟练的新媒体运营技能以及较好的审美能力。

2. **敏锐的洞察力**：要成为一名成功的新媒体编辑，需要有敏锐的洞察力，能够准确地把握社会热点、关注用户需求，及时发布内容，吸引读者关注和参与。

3. **优秀的团队合作能力**：要在新媒体行业中获得成功，需要与团队紧密合作，共同完成任务。

（更多内容，略）

更多使用关键词提问的案例如下。

例：生成一张照片

Before
关键词模糊

❓ 帮我生成一张黄昏的照片。

After
关键词具体

❓ 帮我生成一张长宽比为4：6、油画风格的海上落日照片。

例：撰写推文

Before
关键词模糊

❓ 帮我写一篇职场推文。

After
关键词具体

❓ 帮我写一篇面向25岁左右的职场人、关于领导力的1000字左右的推文。

例：创作一幅画

Before
关键词模糊

❓ 帮我画一幅向日葵油画。

After
关键词具体

❓ 帮我模仿凡·高的风格，画一幅向日葵油画。

拓展应用 ┄┄┄┄┄┄┄┄┄┄┄┄┄┄┄┄┄┄┄┄┄┄┄┄┄┄┄┄┄┄┄┄┄┄┄┄┄┄

关键词提问特别适用于让 AI 回答具体问题或提供详细解释的场景，比如精准搜索、数据挖掘等。

以下是几个典型的应用案例。

1. SEO（搜索引擎优化）：让 AI 优化网站关键词

在优化网站内容以获得更好的搜索引擎排名时，了解用户经常使用的关键词是至关重要的。通过分析热门关键词并针对这些关键词优化网站内容，可以提高网站在搜索引擎中的排名。

> ❓ 我们是一家专注于职场技能提升的在线教育公司，现在需要通过优化关键词来提高公司在搜索引擎中的排名，请帮我罗列 10 个时下热门的职场关键词。
>
> ┄┄┄┄┄┄┄┄┄┄┄┄┄┄┄┄┄┄┄┄┄┄┄┄┄┄┄┄┄┄┄┄┄┄┄┄┄┄┄
>
> 🅰 以下是一些时下职场相关的热门关键词，这些关键词可以帮助您优化您的在线教育内容以提高其在搜索引擎中的排名。
>
> **1. 职业技能提升**

2. 职业发展

3. 职场竞争力

4. 领导力培训

5. 沟通技巧

6. 团队合作

7. 时间管理

8. 项目管理

9. 人际关系

10. 求职技巧

2. 数据挖掘：让 AI 快速分析关键信息

在数据挖掘中，使用关键词提问，分析师可以快速定位需要分析的数据、筛选关键信息，例如在下面几个分析场景中，分析师只需将数据和信息发给 AI，再通过关键词提问给出指令即可。

分析场景	关键词	指令
电商数据分析	销售数据、× 商品、关键因素	请帮我找出 × 商品最近一周时间的销售数据，并列出能达到此数据的关键因素
金融市场数据分析	× 股票、历史价格走势、规律	请帮我找出 × 股票过去一年的价格走势，并找出其中的规律
社交媒体数据分析	× 社交平台、互动情况、需求	请帮我找出 × 社交平台最近一个月用户的互动情况，并列出他们的需求

注意事项

1. 关键词越抽象，AI 的理解就越宽泛，就越容易造成歧义或多重解读。关键词越清晰、越具体，AI 的回答越容易符合提问者的预期。

2. 使用关键词提问时，提问者应对相关领域有一定的了解，需要提前梳理出明确的核心词汇或短语。

3. 关键词提问可以与角色扮演式提问和指令式提问结合使用，以得到更精确、更有针对性的回答。

4 示例式提问：
让 AI 快速理解你的需求

无论在职场中，还是在生活中，我们可能都会遇到类似下边的情况。

场景一：设计师做了几版方案都没通过，和甲方沟通，对话如下。

甲方说： 我要的图不是这种感觉，要那种五彩斑斓的黑！

设计师想： 什么感觉？五彩斑斓的黑是什么黑色？色卡上没有呀！

五彩斑斓的黑是什么黑色?

我要那种五彩斑斓的黑!

场景二：热恋中的情侣，女孩因为男孩买的礼物不称心而吵架。

女孩说： 我要收到的礼物必须是少女感十足的、可爱的。

男孩想： 少女感是什么样的感觉？不就是买粉色的吗？

有没有发现，上述两个场景中，甲方和设计师无法达成一致，男孩无法明确女孩的喜好，都是因为甲方或者女孩的表达非常模糊，没有参照物，这造成双方沟通时鸡同鸭讲，彼此都不满意。

我们发现，就算给了具体的指令或者要求，每个人在理解指令或者要求的时候，仍然会出现偏差，这时候最好的办法是什么呢？

给对方一个示例，方便他理解。比如：

甲方给设计师一张用理想中的黑色做的设计图作为参考；

女孩把自己喜欢的少女感十足和可爱的物品分享给男孩，增强他对自己喜好的理解。

和 AI 沟通也是一样，除了给出清晰的指令或者要求，如果提问者能给出示例，那么 AI 给出的回答将会更加贴合提问者的需求。来看看下面这个案例。

未提供示例时的回答。

> **❓** 帮我写 5 个小红书笔记的标题，围绕眼霜进行推荐。
>
> --
>
> **🅰** **1.** 眼霜盘点：五款热门眼霜帮你轻松对抗黑眼圈和细纹
>
> **2.** 专业推荐：最值得投资的五款眼霜，让双眼焕发青春光彩
>
> **3.** 深度解析：五款明星眼霜，专家教你如何选购合适的眼霜
>
> **4.** 新手入门：五款性价比超高的眼霜推荐，让你轻松拥有水润魅眼
>
> （更多标题，略）

提供示例后的回答。

> **❓** 你现在是一位非常优秀的新媒体文案创作者，接下来我给你发送 5 个小红书爆款笔记的标题，请你总结这些标题的共同点。
>
> 5 个标题如下。

1. 18 款眼霜大合集！不同年龄、眼周问题怎么选？

2. 好用不"踩雷"的眼霜，去黑眼圈、抗皱眼霜推荐

3. 有效改善黑眼圈的眼霜，我终于找到了！

（更多标题，略）

🅰 根据您提供的 5 个小红书爆款笔记的标题，我总结出以下共同点。

1. 针对性：这些标题针对的是不同年龄、眼周问题，如去黑眼圈、抗
皱、抗老等。

2. 情感化：用词带有情感色彩，如"好用不'踩雷'""终于找到
了""跪求别停产"等，能让读者感受到作者的真诚和热情。

3. 第一人称：多使用第一人称，强调个人体验和真实感受。

（更多内容，略）

根据这些共同点，您可以尝试重新创作符合小红书爆款笔记标题特点的
标题。

❓ 很好，请你根据这些共同点，再写 10 个符合小红书爆款
笔记标题特点的标题，围绕眼霜进行推荐。

🅰 根据您提供的共同点，我为您准备了以下 10 个围绕眼霜进行推荐的小
红书笔记的标题。

1. 25 岁以上的姐妹们注意！这款抗老眼霜让我的眼周焕然一新！🐱

2. 亲测有效！对抗黑眼圈，这款眼霜让你熬夜后没有"熊猫眼"😷

3. 回购不停！这款眼霜拯救了我的眼睛！🎀

4. 跪求别停产！这款眼霜对抗干纹、黑眼圈绝了！🧴

（更多标题，略）

通过这个案例我们会发现，在没有提供示例时，AI 生成的标题看似很专业，但是不符合小红书笔记的风格，而在提供了示例以后，AI 生成的标题更加符合小红书笔记的风格，这就是示例式提问的作用。

我们可以用示例式提问让 AI 生成标题，也可以用示例式提问让 AI 生成短视频脚本，而且效果更好。我们只需要提供给 AI 几个自己喜欢的爆款短视频脚本，它就能马上理解并快速生成我们想要的结果。

看看下面的案例。（仅展示 AI 回答的部分内容。）

例：写口播脚本

<table>
<tr><td>Before</td><td>**未提供示例**</td><td>After</td><td>**提供示例**</td></tr>
<tr><td></td><td>❓ 我现在想让你帮我创作一个短视频口播脚本，主题为：如何避免孩子有讨好型人格。</td><td></td><td>❓ 我现在想让你帮我创作一个短视频口播脚本，主题为：如何避免孩子有讨好型人格。在这之前，我会给你两个爆款短视频的口播脚本，请你学习并总结这些口播脚本的共同点，并应用到接下来的创作中。
（口播脚本，略）</td></tr>
<tr><td></td><td>🅐【开场】
主持人：亲爱的听众朋友们，欢迎收听今天的短视频口播节目。在这个节目中，我们将探讨一个非常重要的话题——如何避免孩子有讨好型人格。接下来，我们将为您提供一些建议，帮助您更好地为孩子的</td><td></td><td>🅐【开头】你知道吗？讨好型人格可能让孩子一生都陷入无尽的焦虑与压力。那么，如何避免孩子有讨好型人格呢？跟着我一起来看看这五个具体实用的方法吧！
【1】教育孩子学会拒绝
（具体内容，略）</td></tr>
</table>

成长保驾护航。

【正文】

一、建立自信心

（具体内容，略）

二、教育孩子学会拒绝

（具体内容，略）

三、培养独立性

（具体内容，略）

四、教育孩子正确处理人际关系

（具体内容，略）

五、树立榜样

（具体内容，略）

【结尾】

主持人：亲爱的听众朋友们，以上就是我为您分享的关于如何避免孩子有讨好型人格的建议。希望这些建议能对您的家庭教育有所帮助！

【2】培养孩子独立思考的能力

（具体内容，略）

【3】赞美孩子的品质而非成绩

（具体内容，略）

【4】教育孩子学会处理人际关系

（具体内容，略）

【5】以身作则，树立榜样

（具体内容，略）

【结尾】家长们，让我们从现在开始行动，用这五个具体、实用的方法避免孩子有讨好型人格，让他们成为独立、自信的人！记得点赞、收藏、分享，让更多家长了解这些方法！

例：信息反馈

Before

未提供示例

❓ 你现在是 ×××课程的助教，需要给学员进行反馈和点评，我给你提供一段学员写的自我介绍，你需要给学员写一段回复。

After

提供示例

❓ 你现在是 ×××课程的助教，需要给学员进行反馈和点评，我给你提供一段学员写的自我介绍，你需要给学员写一段回复。

学员的自我介绍：

大家好，我是 Chacha 茶茶

[职业] 我的职业是培训公司创始人

[地区] 我来自成都

[对 AI 的看法] 我认为 AI 可以成为人类的超级助理

[对学习 AI 的看法] 对于学习 AI 这件事，我认为应先跟着走在前面的老师们入门，让 AI 更好地为我们所用是学习目标

学员的自我介绍：

大家好，我是 Chacha 茶茶

[职业] 我的职业是培训公司创始人

[地区] 我来自成都

[对 AI 的看法] 我认为 AI 可以成为人类的超级助理

[对学习 AI 的看法] 对于学习 AI 这件事，我认为应先跟着走在前面的老师们入门，让 AI 更好地为我们所用是学习目标

在此之前，我先给你两个回复的示例，请你按照示例的风格来撰写回复。

参考示例如下：

你好呀！很高兴认识你。你对 AI 的看法非常深刻，认为 AI 不断发展、进化，具有接近人的行为和思维的可能。但即便再接近人，机器和程序也无法具有人类的想象力。因此，成为会使用工具的人，甚至创造工具的人，更有可能从重复性任务中解放出来，不断创新。同时，你也强调了需要尽早出

台关于 AI 的规范化使用的法律法规。（更多内容，略）

AI 亲爱的 Chacha 茶茶，

你好！感谢你为我们分享了关于你的一些信息。我很高兴能成为你在 ××× 课程中的助教。

首先，恭喜你成为培训公司的创始人！这是一个很棒的成就。来自成都的你，一定有深厚的文化背景和丰富的经验。

在 ××× 课程中，我们将努力为你提供丰富的学习资源，帮助你更好地理解和运用 AI。如果你在学习过程中遇到任何问题，或者需要针对课程内容进行讨论，请随时联系我。我将竭尽所能为你提供帮助。

再次感谢你加入我们的课程，期待在这段时间里与你一起学习和进步！

祝学习顺利！

AI 亲爱的 Chacha 茶茶，

你好呀！非常高兴在 ××× 课程中与你相识。从你的自我介绍中，我看到了你对 AI 的独到见解。你认为 AI 作为一个超级助手，可以在很多方面提高我们的工作效率。

你提到了跟随前辈们入门 AI，并关注如何更好地将其应用于实际生活，这是一个切合实际且明智的学习目标。在课程中，我们会提供丰富的学习资源，帮助你更好地运用 AI、理解其运行逻辑，从而更有效地将其应用到你的工作和生活中。

作为培训公司的创始人，你所具备的敏锐的洞察能力和跨界创新的思维将为课程增色不少。希望在接下来的学习过程中，你能够不断拓宽自己的思路，为未来的工作和生活做好准备！

如果你在学习过程中有任何问题，欢迎随时联系我，我将竭诚为你提供帮助。

期待与你一同在训练营中学习和成长！

祝学习愉快！

在找不到优秀示例的情况下，我们也可以让 AI 生成示例（如下所示），确认这个示例符合标准后，让 AI 按照示例生成具体内容即可。

例：写商业计划书

Before

未提供示例

? 请帮我写一份餐饮商业计划书。

......

AI 一、概述

（具体内容，略）

二、市场分析

（具体内容，略）

三、产品与服务

（具体内容，略）

四、市场推广

（具体内容，略）

五、财务分析

（具体内容，略）

After

提供示例

? 请给我一个商业计划书的结构示例。

......

AI 以下是一个商业计划书的结构示例。

一、概述

二、市场分析

三、产品或服务

四、营销计划

五、经营模式和财务计划

六、运营和管理

七、风险和机会

八、总结和建议

通过上述案例可以发现，在不给出结构示例时，AI 直接生成的回答内容不够全面，会缺少一些特定的模块。

因此在完成一项任务之前，我们可以先让 AI 生成示例，确认后再要求 AI 按照示例生成具体内容。例如，当需要写一篇学术论文时，我们可以先让 AI 给出结构示例，确认结构示例符合要求后再告知 AI 论文题目，让 AI 套用刚才给出的结构示例生成大纲。（以下省略 AI 的部分回答。）

例：生成论文大纲

未提供示例

❓ 请帮我写一篇学术论文，论文题目是"计算机与人工智能"。

🅰️ 题目：计算机与人工智能

摘要

1. 引言

2. 人工智能的起源和历史
2.1 早期研究和哲学思考
2.2 图灵测试和 AI 的定义

3. 人工智能的基本概念
3.1 机器学习
3.2 深度学习

4. 人工智能的技术领域
4.1 计算机视觉
4.2 自然语言处理

5. 伦理和社会挑战
5.1 数据隐私
5.2 失业问题
5.3 算法偏见

6. 结论

提供示例

❓ 请给我提供学术论文的结构示例。

🅰️ 学术论文的结构会因学科领域和期刊要求而有所不同。然而，下面是一个常见的学术论文结构示例，适用于大多数学科领域和期刊。

1. 标题页
论文标题
摘要
关键词

2. 引言
研究背景
研究问题或目的
研究意义
文献综述
研究假设

3. 方法
研究设计
变量和测量
数据收集
数据分析

4. 结果
数据描述

结果分析

5. 讨论

结果解释

结果的实际或理论意义

结果的局限性

进一步研究的建议

6. 结论

总结研究的主要发现

强调研究的重要性和潜在影响

提出可能的实践建议或政策建议

7. 引用文献

列出引用过的文献

附录（可选）

❓ 请你按照上述结构示例，帮我
写一篇学术论文，论文题目是
"计算机与人工智能"。

更多示例式提问的应用场景和应用技巧如下。

应用场景	应用技巧
AI 绘图	可以直接将自己喜欢的图片提供给 AI，让 AI "以图生图"
AI 语音	将自己的录音提供给 AI，训练 AI 生成符合个人特色的语音
AI 虚拟人	把自己的照片提供给 AI，可以得到与自己长相一致的虚拟人照片

示例式提问通过为 AI 提供具体的示例或案例，来帮助 AI 理解问题或者理解提问者的需求，以便 AI 能更好地回答问题。

示例式提问通常适用于一些较为抽象或复杂的问题，可以帮助 AI 更好地理解和掌握相关概念与知识。

1. 职场写作：让 AI 助你高效写作

在工作中会遇到各种各样的写作场景，比如撰写会议记录、演讲稿、会议议程、商业计划书等。如何更快地掌握每一种写作任务的要点？让 AI 给出示例，再使用示例式提问让 AI 按要求生成内容即可。来看看下面的案例吧。

假设你需要写一份商业计划书，先让 AI 提供一个结构示例。

❓ 我需要写一份商业计划书，请为我提供一个优秀的商业计划书的结构示例。

....

🅰 以下是一个商业计划书的典型结构示例。

1. 概述

2. 商业计划书简介

2.1 公司背景

2.2 公司使命和愿景

2.3 关键成功因素

3. 公司概况

3.1 产品或服务概述

3.2 市场概述

3.3 公司战略

3.4 财务摘要

3.5 公司描述

（更多内容，略）

让 AI 按照这个结构示例生成商业计划书的大纲。

❓ 请按照这个结构示例，为我提供轻食餐饮零售商业计划书的大纲。

··

🅰 商业计划书：轻食餐饮零售

1. 概述

2. 商业计划书简介：介绍轻食餐饮零售商业计划书的撰写目的。

2.1 公司背景：提供公司的创立背景和发展历程。

2.2 公司使命和愿景：阐述公司的使命和愿景，以及与轻食餐饮零售相关的核心价值观。

2.3 关键成功因素：列举确保公司成功的关键因素，如市场需求、产品质量等。

3. 公司概况：简要概括公司的核心业务和产品，以及市场定位。

3.1 产品或服务概述：介绍轻食餐饮零售的产品或服务特点，包括健康饮食选项、特殊食物要求等。

3.2 市场概述：概述轻食餐饮零售市场的规模、增长趋势和潜在机会。

3.3 公司战略：阐述公司的核心竞争战略，包括目标市场、竞争优势和市场定位策略。

3.4 财务摘要：提供公司的财务数据摘要，包括预计销售额、成本、利润等。

（更多内容，略）

2. 创意设计：用 AI 快速模仿设计风格

目前很多 AI 工具都有"以图生图"的功能，这种功能其实就是示例式提问的一种，通过给 AI 提供一张图，可让 AI 生成类似的图片。

很多 AI 工具也提供了示例模型，用户选择某个风格的示例模型，AI 可以生成类似的图片。如使用 AI 绘画工具 Midjourney 生成图像的展示如下。

给出一个图片作为示例，Midjourney 将根据这个示例生成更多类似的图片。

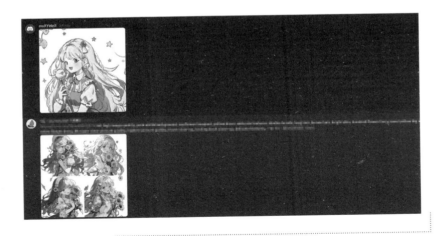

注意事项

1. 使用示例式提问要选择合适的例子，需要确保所选的例子是具有代表性的，并且与问题紧密相关。

2. 在提供示例后，可以要求 AI 总结示例的特点，从而确认 AI 已理解了示例所包含的关键点和细节。

3. 在选择示例时，注意清晰地表达重点信息，并防止过多的细节和无关信息干扰 AI 理解。

5 引导提问：
让 AI 生成更多创意

你有没有过这样的经历？

领导把大家叫到办公室，大家面面相觑等着领导发话，结果领导说："今天开会不谈项目，主要是想和大家一起讨论下个月的活动主题，大家集思广益，有什么点子都可以说出来。"

如果你参加过这种会就知道，这是头脑风暴会。

通过头脑风暴，我们可以获得更多的新思路与创意。当面临棘手的问题时，头脑风暴不仅可以给我们提供多个解决方案，便于我们找到最佳方案，还有可能让我们获得审视问题的全新视角。

有了 AI 的帮助，我们就不用再拉着很多人一起开会了，因为 AI 就可以帮我们进行头脑风暴，而且它的知识面更广，审视问题的视角也更多。

那么，怎么让 AI 帮我们进行头脑风暴呢？

要引导 AI "思考"。

想要让 AI 提供更多的点子，只需要在我们想讨论的主题、问题前面加上"让我们思考一下"。 这个提示可以让 AI 生成经过"深度思考"的文本，这对经常需要写作的人来说很有帮助。

假如我们想要写一篇关于 AI 给职场人士工作带来的冲击的文章，但是不知道有哪些好的角度，可以这样向 AI 提问。

❓ 让我们思考一下：AI 给职场人士工作带来了哪些冲击？

AI AI 对职场和工作的影响确实很大，主要体现在以下几方面。

1. 许多工作会被自动化。（具体内容，略）

2. 部分工作会发生变化。（具体内容，略）

3. 新的工作将产生。（具体内容，略）

4. 人工智能将提高生产力。（具体内容，略）

以上这种提问方式，叫作引导提问，这是一种鼓励回答者提供详细、完整和主观看法的提问方式。这类问题通常没有标准的答案，回答者需要根据他们的经验、观点和想法来表达自己的看法。

引导提问可以让回答者在思考和回答问题时更加深入，有助于产生新的见解。

引导提问具备如下特点。

· 提问时，要使用开放性的问题，而不是问封闭性的、回答"是"或"否"的问题，这可以鼓励回答者提供更多选项和想法。

· 通常以"为什么""怎么样""请描述"等开头，以引导回答者进行深入思考。

· 可以促使回答者提供更丰富的信息，有助于深入了解回答者的想法和感受。

以下是使用引导提问的例子。

· 在你的职业生涯中，哪次经历对你的影响最大？为什么？

· 你是如何解决这个问题的？请详细描述你的处理过程。

· 你认为未来五年内，这个行业将会发生哪些重大变化？

以下是使用引导提问的句式 / 提示词参考。

· 除了用"让我们思考一下……"这个句式，还可以使用"让我们想一想……""让我们讨论一下……"等句式。

·继续追问，以扩大 AI "思考"的范围。在 AI 提出一些想法后，你可以追问"这给了我一些新思路，还有什么其他的想法吗""在这个基础上我们还能想到什么"等问题，让 AI 继续提出新的想法。

·引导 AI 提供大胆和不可思议的想法。你可以说"不管想法有多疯狂，我都想听听""想些天马行空的主意"等，这可以让 AI 跳出常规思维，提供更有创意的想法。

更多引导提问的应用场景和参考指令如下。

应用场景	参考指令
提供活动主题	让我们思考一下：关于 AI 对职场人工作的冲击，可以有哪些活动主题
提供短视频脚本创意	让我们思考一下：关于 AI 对职场人工作的冲击，可以策划哪些有创意的短视频
提供文章撰写思路	让我们思考一下：关于 AI 对职场人工作的冲击，可以从哪些角度写文章

1. 专家顾问团：让 AI 成为你的超级智囊团

在现实世界中进行头脑风暴会有一个好处，就是当我们在会议中讨论问题时，每个人都可以从自己的视角出发，给出看法，这方便我们多角度地看问题。

那么作为个人，如何拥有自己的团队和自己一起进行头脑风暴呢？用 AI 就可以。使用前面讲到的引导提问可以使 AI 从个人角度给出观点，这样就可以模仿现实中的团队会议，你就能得到多角度的观点。看看如下示例。

> ❓ 假设我的智囊团内有 3 名专家，这 3 名专家分别是乔布斯、×× 和 ×××，他们都有自己的个性、世界观和价值观，对同一问题有不同的视角、看法和建议，我会在这里说出我的处境和我的决策，请你分别以这 3 名专家的身份和思维模式来审视我的决策，并给出评判和建议，听明白了吗？
>
> ----
>
> 🅰 是的，我明白您的请求。作为您的智囊团成员，我会用乔布斯、×× 和 ××× 的思维模式来审视您的决策，并给出评判和建议。请告诉我您的处境和决策。

> ❓ 我们是一家在线教育公司。现在 AI 技术发展迅猛，催生了很多新工具，这给很多职场人士带来了很大的冲击，我们现在应该怎么做，才能有更好的发展？
>
> ----
>
> 🅰 作为您的智囊团成员之一，我将用乔布斯的思维模式思考，给出我的建议。

乔布斯的建议如下。

企业成功的关键在于创新和改善用户体验。基于您的情况，您可以考虑从以下几个方面应对 AI 技术的影响。

首先，您可以通过重新设计课程，提供更具个性化的教学内容和体验，满足学员的不同需求。这样，您的课程就能够更好地适应市场的变化和需求。

（更多内容，略）

2. 职业生涯规划：让 AI 成为你的职场导师

通过使用引导提问，职场人士可以更好地规划自己的职业生涯。比如在教育培训行业，职业生涯规划师可以使用 AI 提升工作效率。举例如下。

假设你是一名即将毕业的大学生，对于自己未来的职业规划充满困惑，也不知道该如何向 AI 表达自己的困惑，那你可以这样试试。

❓ 从现在开始，你是一位苏格拉底式的导师，我是你的学生。你不会直接给出答案或者结果，而是会引导学生思考并一步步得出结论。你会不断调整并拆分问题，以适应学生的理解能力。

🅰 好的，让我们开始吧！请问你有什么想要讨论或者探究的问题呢？

❓ 我想知道自己适合做什么工作。

🅰 好的，那我们可以一步步来，从探讨你的兴趣和价值观开始。你觉得自己对哪些事情感兴趣？什么是你特别喜欢做的？

❓ 我喜欢研究电脑软件的新用法。

....

🅰 非常好！你对研究电脑软件的兴趣很强烈，这可以让我们往更具体的方向探讨。

接下来，我们可以探讨一下你的技能和经验。你做过哪些与电脑软件相关的工作或者项目？你觉得自己在这方面有哪些专业技能和经验？

❓ 嗯，我曾经用 Photoshop 给别人设计海报，还挣了 300 元。

....

🅰 很好！那么你有使用 Photoshop 这一设计软件的技能和经验，这是一项很不错的专业技能。此外，你也有一些与客户沟通和项目交付相关的经验，这也是非常重要的。

那么接下来，我们可以探讨一下你的个性特点和价值观。你觉得自己是一个什么样的人？你在工作或者生活中注重哪些价值观？

（更多内容，略）

通过让 AI 引导你思考，而不是让它直接给你参考答案，你可以更进一步地了解自己，做出更适合自己的职业或者人生规划。

与以上这种引导提问方式效果类似的方式叫作**苏格拉底式提问**，又称苏格拉底式教学法，是古希腊哲学家苏格拉底的极具代表性的提问方式。这种提问方式通过一系列有针对性的问题引导对话者进行深入思考，以发现知识、挖掘观点和促进理解。苏格拉底式提问强调质疑、怀疑和反思，追求真实和理性的知识。

苏格拉底式提问的主要特点如下。

·引导性：通过提问引导对话者思考问题，而非直接告诉他们答案。

·层层递进：问题由浅入深，逐步引导对话者深入探讨话题。

·提倡反思：鼓励对话者对自己的观点、信仰和假设进行反思和审视。

·逻辑性强：关注论证的逻辑性、一致性和合理性，追求真实的和有根据的知识。

苏格拉底式提问常见的 6 种类型如下。

·澄清问题：为了探讨一个问题，明确概念，你可以问 AI "可不可以举个例子，说明你表达的意思"。

·检验假设：为了进一步了解对话内容的真实性，你可以问 AI "你如何证明这个假设"。

·理性分析：为了探究背后的原理或者真相，你可以问 AI "能解释一下原因吗"或者"你是如何得出这一结论的"。

·检验观点：为了让 AI 对其回答进行分析，你可以问 AI "你提出的这个方案有哪些优缺点"。

·开阔思路：为了引导 AI 从不同视角看问题，你可以问 AI "对于这个问题你觉得其他人可能会怎么看"。

·思考后果：如果想知道 AI 的回答会带来什么后果，你可以问 AI "你觉得你这个假设会有什么结果呢"。

更多苏格拉底式提问的应用场景和参考指令如下。不同使用场景，只需要替换角色名称即可。

应用场景	参考指令
提供心理咨询	从现在开始，你是一位苏格拉底式的心理咨询导师，我是你的学生。你不会直接给出答案或者结果，而是会引导学生思考并一步步得出结论。你会不断调整并拆分问题，以适应学生的理解能力
提供职业规划	从现在开始，你是一位苏格拉底式的职业生涯规划导师，我是你的学生……

注意事项

1. 我们可以让 AI 扮演自己想咨询的领域的专家，但是要注意，这位专家一定要是名人，否则网上没有相关数据，AI 就无法从这名专家的视角给出回答。比如想要 AI 提供商业分析方面的帮助，就可以让 AI 扮演国际知名企业的创始人；如果想要 AI 提供情感咨询类的帮助，就可以让 AI 扮演国际知名的心理咨询师。

2. 提问中涉及的专家最好分布在不同的领域，这样 AI 给出答案的视角更多样，这些答案对你的帮助也会更大。

3. 角色的数量可以自由更改，如果想要获得更多不同的视角，可以增加专家的数量。

4. 由于 AI 回复字数有限制，有可能不能一次性给出完整的回答，这个时候可以回复"继续"两个字，它就能给出剩下的回答。

6 发散提问：
让 AI 提供多种创意思路

发散提问是指尽可能从多个角度提出问题，从而获得更多的信息和思路，避免视角单一带来的局限性。

在借助 AI 创作的过程中，发散提问有哪些妙用？

当我们缺乏灵感时，使用发散提问可以让 AI 帮我们挖掘更多创意和想法；

当我们面临一个复杂问题时，使用发散提问可以让 AI 帮我们找到更多种可能的解决方案；

当我们需要深入研究或分析某个主题或领域时，使用发散提问可以让 AI 帮我们从不同的角度进行探索，挖掘新的信息；

当我们需要做决策或规划时，使用发散提问可以让 AI 帮助我们分析不同的选项的优劣，及其可能导致的结果和带来的影响；

…………

总之，使用发散提问可以让 AI 帮助我们拓展思路、打破常规思维，从而能更具创新性和创造性地思考问题。

可是很多人误以为发散提问就是让 AI 漫无目的地作答，例如，当想要借助 AI 生成一些具有创意的文章标题时，不懂提问技巧的人可能会像下面这样问。

❓ 帮我生成一些有创意的文章标题。

🅰️ 当然，以下是一些有创意的文章标题，供您参考。

1. 如何在繁忙的生活中保持创造力？

2. 未来五年中，我们的工作将发生哪些变化？

3. 为什么创新是企业成功的关键？

4. 你的自我价值观如何影响你的职业生涯？

5. 用设计思维解决现实生活中的问题

6. 新科技如何改变我们的未来？

7. 创业者需要了解的八大领域

8. 社交媒体对个人和社会的影响

9. 以人为本的商业模式如何影响未来的企业？

10. 如何利用数据分析提高业务效率？

不难发现，这样提问得到的回答确实具有很强的发散性，但我们很难快速得到符合需求的内容。

上边的提问过于注重发散性，而忽略了关键提示。

什么是 AI 所需的关键提示？

主要有三点：背景信息、所需内容和具体要求。

把这三点合并为一个整体，即为一个好的发散问题。

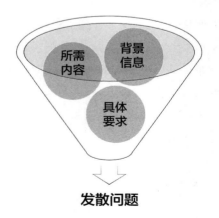

发散问题

借助上方这张漏斗图辅助思考，我们可优化上边的提问，获得更具针对性的回复。

当想要借助 AI 生成一些具有创意的文章标题时，我们需要给 AI 以下关键提示。

（1）背景信息：文章内容。

（2）所需内容：n 个文章标题。

（3）具体要求：能引起读者好奇心，吸引读者点击阅读。

由此我们很容易就能提出不错的发散问题，例如：

"请阅读以下文章，帮我生成 10 个文章标题，要求：能引起读者好奇心，吸引读者点击阅读。（文章内容，略）"

"请生成 10 个文章标题，要求：激发读者的兴趣和好奇心。文章内容概要如下：（略）。"

了解了什么是发散提问，以及如何运用漏斗图提出一个好的发散问题后，接下来来看看在不同场景下使用发散提问的案例。

例：提高业绩

Before　**常规提问**

❓ 如何提高销售业绩？

After　**发散提问**

❓ 我是一名女装店店员，请给我 5 个能提高销售业绩的方法，要求：操作简单易学。

例：取标题

常规提问

发散提问

❓ 帮我取 5 个关于蓝牙耳机的标题。

❓ 请帮我取 5 个优质的微信公众号文章标题，文章主题是"推荐几款蓝牙耳机"，要求如下。

1. 突出重点：标题带有一些形象生动的词语或者数字。

2. 简短精练：标题的字数在 30 以内。

3. 引人入胜：标题能够引起读者的兴趣和好奇心，使读者想要进一步阅读文章。

🅐 好的，以下是 5 个关于蓝牙耳机的标题。

1. 这些功能让你的蓝牙耳机变得更加智能

2. 蓝牙耳机的优点和劣势

3. 蓝牙耳机的未来：预测和趋势

4. 如何清洁和保护你的蓝牙耳机？

5. 一款好的蓝牙耳机可以带来哪些便利？

🅐 根据您的要求，我提供以下 5 个优质的标题。

1. 听音乐，就选它！蓝牙耳机大测评！

2. 舒适度、音质、外观设计……如何选择适合自己的蓝牙耳机？

3. 需要一款好的蓝牙耳机？来试试我推荐的这几款吧！

4. 从颜值到音质，这几款蓝牙耳机不容错过！

5. 推荐三款最适合运动爱好者的蓝牙耳机！

可以看到，使用发散提问与 AI 对话，AI 给出的回答更具针对性，也更能解决我们的实际问题。

以下是更多发散提问的应用示例。

应用场景	参考指令
借助 AI 制作 logo	我需要用 AI 生成法式面包店的 logo，我希望 logo 是单色、线性的，请给我 10 个与之相关的法文关键词
借助 AI 创作音乐	我需要创作一首音乐的伴奏旋律，该音乐用于幼儿园广播，主题是"健康快乐成长"，请给我 5 个不同风格的伴奏旋律进行参考

拓展应用

使用发散提问，AI 可以帮助我们从多角度对问题进行探索分析，拓展思路，打破固有的思维模式。

在一些需要创意、创新、思考和表达的场景下，非常适合运用发散提问。例如以下几个常见的应用场景。

1. 资料搜索：获取海量素材

在搜索文字、图片资料时，如果很难找到想要的内容，可以尝试更换搜索时所用的关键词。

不妨让 AI 提供更多的关键词。

例如，当利用搜索引擎搜索与"时间"相关的图片时，直接输入关键词"时间"所获得的图片有限，我们便可以让 AI 帮我们发散联想一些能表达"时间"的具象事物。

我们可以结合背景信息、所需内容和具体要求这三点向 AI 提问。

❓ 我需要用搜索引擎搜索与"时间"相关的图片（背景信息），请给我 5 个与"时间"相关的关键词（所需内容），以便我能搜索到更多能表达"时间"的具象事物的图片（具体要求）。

🅰 **1. 钟表**：用"钟表""时钟""怀表"等词汇进行搜索，可以找到各种不同类型和风格的时钟图片。

2. 日历：用"日历""月历""年历"等词汇进行搜索，可以找到与日期和月份相关的图片，以表示时间的流逝。

3. 沙漏：用"沙漏""计时器"等词汇进行搜索，可以找到与沙漏相关的图片。沙漏是一个传统的时间测量工具，可用于表示时间的逝去。

4. 时间线：用"时间线""历史线"等词汇进行搜索，可以找到与时间轴相关的图片，以展示事件发生的顺序和持续时间。

5. 秒表：用"秒表"等词汇进行搜索，可以找到与秒表相关的图片，以表现竞赛或运动等场景。

可以看到，AI 能够生成更多关键词，利用这些关键词，我们可以快速获取丰富的素材，大大提高搜索资料的效率。

2. 头脑风暴：生成有创意的金点子

几乎每个行业或领域都需要有创意的金点子，例如：

在市场营销中，好的创意可以让广告、宣传活动等吸引目标受众、提高品牌知名度和销售额；

在产品研发过程中，好的创意有利于企业改进现有产品或设计全新产品，以满足市场需求；

当面对经营中的常见问题或挑战时，企业也可以通过创新的解决方案提高效率、降低成本或改善流程；

…………

以策划年会表演节目为例，先列出发散提问中所需的关键提示。

（1）背景信息：公司即将举办年会；

（2）所需内容：10 个节目；

（3）具体要求：互动性强。

问答内容如下。

❓ 下个月公司要举办年会，帮我策划 10 个在公司年会上表演的节目，要求：互动性强。

- -

🅰 **1.** 音乐合唱：邀请公司员工组成一个合唱团，准备一些流行歌曲，让他们在年会上表演。

2. 即时的互动游戏：准备一些简单的互动游戏，如投篮游戏、抢答游戏等，公司员工可上台参与游戏并有机会赢得奖品。

（更多内容，略）

10. 魔术表演：请一位有经验的魔术师表演魔术，并邀请公司员工上台参与，增加互动性和惊喜效果。

希望这些建议对您有帮助！祝您的公司年会圆满成功！

利用发散提问，AI 不仅能给我们提供一些创意，还能帮助我们从不同的角度思考问题。

3. 教学培训：拓展思路

授人以鱼不如授人以渔。在教学培训中，教师或培训师不仅要向学生传道、授业、解惑，还需要教会学生如何拓展思路、独立思考。

不妨试试用发散提问让 AI 生成一些发散问题，例如：

> ❓ 我是一名 PPT 培训师，请给我 10 个课堂上的发散问题，以帮助学员学会独立思考、解决 PPT 制作问题。
>
> ---
>
> 🅰️ **1.** 如果你要设计一个引人注目的封面，你会选择哪些元素和颜色来吸引观众的注意力？
>
> **2.** 当你的幻灯片需要使用图片时，你会如何选择适当的图片，以增强信息传达效果？
>
> **3.** 如果你想让观众积极参与互动，你会在幻灯片中加入什么元素或交互方式？
>
> （更多内容，略）
>
> **10.** 当用于演示的时间不充足时，你如何在幻灯片中精简内容，同时确保重点信息的有效传达？

在课堂上向学生们提出这些发散问题，可以很好地拓展学生的思路，培养学生自主发现问题、思考问题、解决问题的能力。

注意事项

1. AI 生成的创意可能是天马行空的，因此我们需要结合实际情况做进一步的筛选。
2. 当 AI 生成的内容无法满足我们的需求时，我们不妨试试向它提供更多情境或背景信息，通过多次引导 AI 反复生成回答，来获取最令人满意的内容。

第二部分

进阶：
让 AI 帮你解决问题

7 问答式提问：
让 AI 回答指定问题

在工作、学习和生活中，我们经常会问各种问题，例如：

今天天气怎么样？

长期熬夜有什么危害？

萤火虫为什么会发光？

红酒的口感和品质与其产地有关系吗？

Irregardless 这个单词是什么意思？

遇到与信息咨询或某个领域的知识点相关的问题，我们不妨用 AI 工具充当搜索引擎作为我们的外脑，帮助我们更好地获取信息、解决问题和提高工作效率。

如何提出一个好的问答式问题呢？

首先我们需要了解问答式问题有哪些类型。

类型一：事实型问题（A 是什么？）

眼泪为什么是咸的？

一年有多少天？

赤道周长为多少千米？

类型二：概念型问题（A 的含义是什么？）

什么是领导力？

什么是公约数？

类型三：比较型问题（A 和 B 有什么区别？）

柏拉图和亚里士多德的政治思想有何差异？

印象派和立体派的艺术风格有何区别？

类型四：因果型问题（A 会对 B 产生什么影响？）

长期的压力会对人的心理和生理健康产生什么影响？

气候变化和自然灾害会对地球环境产生什么影响？

原子和分子的运动方式会对物质的性质和状态产生什么影响？

类型五：假设型问题（假设 A，会发生什么？）

假设人会飞，可能产生哪些新的职业？

假如世界上没有摩擦力，会发生什么？

如果 AI 拥有情感，它会做的第一件事是什么？

类型六：方法型问题（如何完成 A 事情/解决 A 问题？）

如何进行有效的问卷调查研究？

如何向上管理？

如何提出一个好的问答式问题？

类型七：意义型问题（A 对 B 有怎样的意义？）

人类的存在对于地球而言有着怎样的意义？

教育的意义是什么？

除此之外，我们还可以把不同类型的问答式问题组合起来向 AI 提问，从而获得更丰富的信息。

例如，事实型问题＋意义型问题：

企业的社会责任是什么，企业对经济发展的作用是什么？

假设型问题＋方法型问题：

假设世界上存在哆啦A梦的记忆面包，人类的记忆力能够得到增强吗？我们该如何增强记忆力？

以下是一些问答式问题的组合使用方式，供大家参考。

事实型问题＋意义型问题：A是什么？它对B有怎样的意义？

概念型问题＋比较型问题：A的含义是什么？A和B有什么区别？

概念型问题＋因果型问题：A的含义是什么？A会对B产生什么影响？

假设型问题＋方法型问题：假设A，会发生什么？如何解决B问题？

…………

在使用AI的过程中，可以用问答式提问的场景有很多，如下所示。

场景	示例
用AI生成配音	事实型问题＋方法型问题
	有哪些AI配音工具？如何使用这些工具
用AI设计产品	假设型问题＋比较型问题
	假设你是一名设计专业的大一新生，在选购电脑时你更注重电脑的外观还是性能

在使用问答式问题向 AI 提问时，AI 有着以下优势。

✓ AI 具备广泛的知识覆盖面

AI 几乎可以回答各种主题或领域的问题，如科学、历史、文化、技术等，回答的内容也具有一定的准确性。

✓ AI 能够理解和解释复杂的问题

对于绝大部分问题，AI 都能以易懂的方式回答，并且生成流畅、连贯的文本。

✓ AI 能够快速响应

AI 可以在短时间内生成回答。

基于此，我们可以在以下场景中应用问答式提问。

1. 查询知识：快速学习各类学科

我们可以向 AI 提出关于特定学科领域的问题，并获取相关解释、定义、示例和背景知识，从而轻松地理解和学习各种学科和主题知识。

以下是一些向 AI 提问的示例。

科学：

量子力学的基本原理是什么？

什么是基因编辑技术，它对人类有哪些影响？

历史：

古埃及文明的特点和成就有哪些？

文艺复兴是什么，这一时期对欧洲产生了什么影响？

文学：

近期哪位作家获得了诺贝尔文学奖？

现实主义文学的特点和代表作品是什么？

艺术：

印象派绘画风格的特点是什么？代表画家有谁？

谁是文艺复兴时期著名的雕塑家？

经济：

哪些因素影响着经济增长？

谁是现代经济学中的重要思想家？

2. 学习语言：高效掌握外国语言

我们在学习一门外语或需要翻译文本时，可以向 AI 提出有关语法、词汇、翻译等方面的问答式问题。AI 会为我们提供语言学习资源、学习方法和翻译服务。

我们可以这样提问：

主谓宾结构在英文中的用法是怎么规定的？有哪些例子？

英文中的时态有哪些，其用法分别是什么？

"How are you?" 在中文里是什么意思？

如何提高英文口语的流利程度？

如何克服语言学习中的困难和挫折？

注意事项

1. 虽然 AI 具有丰富的知识库，但对于法律、医疗等领域的问题，AI 只能提供参考意见，无法提供准确的回答，并不能代替专业人员。

2. 当遇到较为复杂的问题时，建议使用简洁、清晰和明确的语言，以便 AI 更容易理解问题，并提供更准确的答案。

8 摘要提问：
快速压缩长篇信息

摘要提问的应用场景有很多，例如：

需要阅读新闻报道、学术论文等资料，并快速理解核心信息时；

领导发来大段工作任务和要求，自己抓不住重点时；

需要快速掌握一部小说的关键剧情时；

…………

遇到这类情况时，我们可以使用摘要提问，让 AI 压缩长篇信息，从而帮助我们提炼重点、快速了解文本内容，以及节省时间、提高效率。

但如果对问题不加设计，得到的回复可能不尽如人意。

比如下边的案例，提问者本意是想借助 AI 快速阅读一本书，却因为提问方式不合理，致使 AI 回答的内容很笼统。

> ❓ 请概括图书《哈利·波特》。
>
> ----------
>
> 🅰 哈利·波特是一系列畅销奇幻小说，由英国作家 J.K. 罗琳创作。这个系列的小说讲述了哈利·波特的冒险故事，他在发现自己是一名魔法师后，来到霍格沃茨魔法学校学习魔法，并与好友赫敏和罗恩一起对抗黑巫师伏地魔及其追随者。
>
> 这个系列的小说包含了大量的魔法、神奇的生物、魔法物品和魔法世界的历史与文化，同时也涉及了成长、友情、爱情、死亡等许多深刻的主题。这个系列的小说在全球范围内十分受欢迎，并且被改编成了电影、音乐剧、游戏等多种形式。

那么，什么是好的摘要提问？

我们可以运用"坐标轴思考法"辅助提出一个好问题。

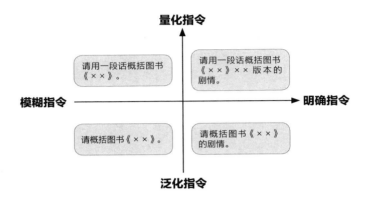

通过对比上图四个象限中的问题示例不难发现，摘要提问应带有明确的和量化的指令。

利用调整后的问题向 AI 提问，得到的回答显然更符合需求。

> ❓ 请详细概括图书哈利·波特系列的第一部的剧情。
>
> 🅰 《哈利·波特与魔法石》是哈利·波特系列的第一部，故事主要讲述哈利·波特的成长历程以及他在霍格沃茨魔法学校中的奇幻冒险。
>
> 哈利在年幼的时候，遭遇了一场意外，父母双亡，但他却神奇地幸存了下来。之后，哈利被送到了亲戚家生活。他被姨母、姨父虐待，并被告知他的父母死于一场车祸。
>
> 直到哈利 11 岁的时候，一封神秘的信件揭开了他的身世之谜：原来哈利是一名魔法师，他被邀请去霍格沃茨魔法学校学习魔法。在学校里，哈利结识了他的好友——赫敏·格兰杰和罗恩·韦斯莱，还有他的头号敌

人——德拉科·马尔福。他在这里学习魔法知识、玩魔法游戏，同时也发现了许多神奇的生物和魔法物品。他还遇到了斯内普教授、麦格教授和邓布利多校长等许多让他感到神秘和困惑的人物。

然而，哈利也发现了一个隐藏在霍格沃茨中的危险——一颗神秘的魔法石，据说它可以让人长生不老和获得无限的财富。伏地魔的仆人——食死徒也在寻找这颗魔法石，他们的目的是将这颗石头交给伏地魔。

为了保护魔法石，哈利与他的朋友们开始了一场冒险之旅，他们克服了许多困难和险阻，最终找到了魔法石。在那里，他们面对着各种陷阱和挑战，包括迷宫、魔法生物、谜题。哈利最终战胜了食死徒，成功保护了魔法石，并揭开了伏地魔的一部分阴谋。

《哈利·波特与魔法石》以奇幻的世界观、有趣的角色和扣人心弦的剧情而广受读者喜爱，讲述了一个值得一读的魔法冒险故事。

通过用 AI 概括图书内容这个案例，相信你已经理解了什么是摘要提问以及坐标轴思考法。

在其他场景中，你也可以使用坐标轴思考法向 AI 提出量化、明确的指令。

例：提取信息

Before **常规提问**

❓ 请精简以下文字。

我是 ChatGPT，一款由 OpenAI 公司开发的大型语

After **摘要提问**

❓ 请分成几点提取以下文字的重点内容。

我是 ChatGPT，一款由

言模型。（更多内容，略）

OpenAI 公司开发的大型语言模型。（更多内容，略）

AI 我是 ChatGPT，可以回答各种问题和提供多种信息。作为一款人工智能模型，我没有真正的个人生活和思想情感，只是一种基于算法的智能体。我能够理解和处理自然语言，不论是英语还是中文，能够分析和学习语言的语法、语义、逻辑等方面的知识，从而生成符合语法和具有一定意义的回答。我在教育、商业等领域都有广泛应用。我会不断更新我的知识库和技术，为用户提供更加优质和高效的服务。

AI · ChatGPT 是一款由 OpenAI 公司开发的大型语言模型，能够回答各种问题，提供各种帮助。

· ChatGPT 是一种基于算法的智能体，没有真实的情感和思想。

· ChatGPT 在技术层面上是由数亿个参数构成的神经网络模型，能够模拟人类的思维模式和语言能力。

· ChatGPT 在教育、商业等领域都有广泛应用，能够为用户提供多种形式的帮助和解决问题的方案。

· ChatGPT 会不断更新知识库和技术，为用户提供更加优质和高效的服务。

例：编写论文摘要

Before
常规提问

? 帮我写一篇论文摘要。

（论文题目及大纲，略）

After
摘要提问

? 请阅读我的论文题目及大纲，帮我写一篇 800 字的论文摘要。

（论文题目及大纲，略）

例：理解领导话里的意思

Before　**常规提问**

❓ 领导的这段话到底是什么
意思？

（领导的话，略）

After　**摘要提问**

❓ 请用一段话总结以下文字
的主要信息。

（领导的话，略）

更多使用摘要提问的场景和参考指令如下。

应用场景	参考指令
用 AI 制作 PPT	帮我精简以下 PPT 的标题，控制在 8 个字以内 （PPT 标题，略）
用 AI 创作短视频脚本	请帮我精简这份短视频脚本，脚本只需包含场景、 画面、台词，并且用表格展示 （短视频脚本，略）

拓展应用 ···

　　在当今这个信息爆炸的时代，我们每时每刻都在接收各种信息，
但其中绝大部分信息是无用的，而且会给我们带来干扰。

　　使用摘要提问，我们可以很好地剔除不必要的信息、摘取关键信
息、提升学习和工作效率。

　　以下是几个摘要提问的常见应用场景。

1. 整理知识库：让知识库条理清晰

很多人在建立知识库的时候，往往会大量搜集一个领域的相关知识，久而久之，知识库里充满了各种文件、链接，信息分散、过载、混乱。

例如，我们搭建了一个关于工作效率的知识库，其中有多篇关于工作效率的长篇文章，这时不妨使用摘要提问，借助 AI 提炼文章的精华或知识点。

我们可以这样向 AI 提问：

❓ 请阅读以下关于工作效率的文章，围绕"如何提高工作效率"这一主题进行分点概括。（文章内容，略）

❓ 请精简以下文字，并用表格的形式说明影响工作效率的因素有哪些。（文字内容，略）

接着我们可以将 AI 生成的内容进行分类整理，最终搭建一个内容精简、条理清晰的知识库。

2. 梳理目标计划：让工作更有计划性

面对繁杂的 KPI、领导的要求、客户的需求……很多职场人感到工作一团乱麻，无从下手。

这时不妨使用摘要提问，让 AI 帮我们提炼各种会议、报表的关键信息，从繁杂的工作中梳理出清晰的脉络，从而快速确定目标和计划。

我们可以参考如下形式进行提问。

例：理解客户需求

❓ 我是一名平面设计师，客户要我做一张产品宣传海报，请从客户的需求中帮我提炼出客户想要的海报风格。客户的需求如下。

海报的目的：宣传一款最新上市的耳机。

耳机受众：运动爱好者，20~35 岁。

耳机特点：防汗防水、佩戴稳定、适合运动时佩戴。

海报文案：无线自由，释放激情。

海报场景：运动场上，一个充满活力的运动者，他戴着我们的运动耳机，十分投入地进行着运动。

海报的尺寸和布局：A3 或 A2，竖版。

海报发布渠道：微博、小红书等新媒体平台。

其他要求：吸引人注意力，色彩鲜艳。

🅰 根据客户的需求，可以确定客户想要的海报风格如下。

1. 动感活力风格：客户希望海报能够传递活力和运动感。你应使用动态的线条、流畅的曲线和运动元素来营造充满活力的氛围，并运用渐变色彩、流动的图形效果等来表达耳机的无线自由和释放激情的概念。

2. 年轻时尚风格：运用时尚的排版、流行的图标和年轻化的元素，展示产品的潮流属性，提高其与年轻受众的契合度。

综合考虑这些因素，你可以设计一张具有动感活力、年轻时尚和突出产品特点的海报，以吸引目标受众的注意力，并在新媒体平台上进行宣传。

例：理解领导的要求

❓ 领导的这几段话表达了对我的工作的期望，请帮我从中提炼出我下一步的工作目标。

今天找你，是想简单聊聊你近期的工作表现和成果。首先我必须要说，我很欣赏你的创意和设计风格，它们非常独特，给咱们的很多项目都带来了很强的新鲜感和视觉冲击力，这一点特别棒。你的设计作品也经常得到客户的赞赏，这对咱们品牌影响力的提升有很大帮助。

不过，我也注意到了一些需要改进的地方。有时候，在和客户沟通时，你可能没有完全理解客户的需求。只有充分理解客户的需求，才有助于咱们后续的沟通和设计，对吧？我希望你在这方面继续加强。然后在设计过程中，你可能过于强调个人的审美，忽视了项目的整体要求和目标，比如前段时间给××公司做的包装设计。个人审美的确很重要，但是，与团队合作、与其他部门协调也很重要，满足客户的期待更是我们的核心目标。我相信，你是有能力克服这些挑战、解决这些问题的。

最后我想说，作为一名优秀的平面设计师，你在咱们团队中扮演着很重要的角色，不断学习和成长也是非常重要的。我希望你可以积极参加一些相关的培训，保持对设计趋势和新技术的关注。另外，你要多多和部门内的小伙伴交流，分享经验和灵感，这对你的设计水平提升也有帮助。

今天说了这么多，我对你还是很有信心的……

🅰️ 根据领导的话，可以提炼出下一步的工作目标，具体如下。

1. 提升与客户沟通的能力：努力充分理解客户的需求，确保在沟通和设计过程中更好地把握客户的要求，以便提供更精准的设计方案。

2. 平衡个人审美与项目要求：在设计过程中，注意平衡个人审美和项目的整体要求和目标；与团队合作和其他部门协调，确保设计作品能够满足客户的期望，并以此为核心目标。

3. 持续学习和成长：作为一名优秀的平面设计师，要不断学习和成长，积极参加相关的培训和学习机会，保持对设计趋势和新技术的关注，提升自己的设计能力和专业知识水平。

4. 与部门同事交流和分享：与部门的同事积极合作，共享经验和灵感；通过交流和合作，互相学习和借鉴，提升自己的设计水平和团队整体效能。

5. 坚定信心并寻求支持：展现出对自己的信心，并在需要时寻求领导和团队的支持；当面临挑战和问题时，相信自己有能力克服并解决，并知道可以向相关人员求助。

注意：在向 AI 提问时不要泄露公司和客户的商业机密，以及要保护好自己的个人隐私。

注意事项

1. AI 可以对各种长度的文本进行精简和提取关键信息。

2. 使用摘要提问时，最好为 AI 提供以下信息：原始文本、摘要长度（指定所需的摘要长度或字数）、摘要类型（例如，是要生成概括摘要还是详细的摘要）。总之，信息要完善，指令要明确、可量化。

3. 如果 AI 生成的摘要有误或太长，可以命令它继续修改。

9 对话式提问：
让沟通更加人性化

你是否遇到过这种情况，领导在微信上给你发来三个字："辛苦了"。

这时应该怎么回复？

与其苦思冥想，不如用对话式提问让 AI 帮你生成回复内容，你从中选择一句给领导回复。

你是不是打算这样向 AI 提问：

> ❓ 领导说"辛苦了"，要怎么回复？
>
> 🅰️ 回复可以根据具体情况和上下文来决定，以下是几种常见的回复方式。
>
> **1.** 谢谢，我会继续努力工作的。
>
> **2.** 没关系，这是我的责任。
>
> **3.** 感谢您的鼓励，我会继续为团队做出贡献的。
>
> **4.** 辛苦是值得的，团队一起努力才能取得成果。
>
> **5.** 谢谢您的关心，您的支持对我很重要。
>
> 选择哪种回复方式可以根据你与领导的关系、工作环境和个人风格来决定。

此时 AI 生成的回复很多，但缺乏针对性，这是因为我们在发给 AI 的指令中缺少对话的具体场景和上下文等信息。

在使用对话式提问时，我们提供的信息越详细，AI 生成的回复质量会越高。例如：

❓ 和团队一起加班完成工作后，领导对我说"辛苦了"，我该怎么回复？回复要求：要有礼貌，内容简洁明了，同时表达感谢。

··

🅰️ 你可以回复以下内容：

非常感谢您的关心，这是我们团队共同努力的结果。

这个回复既显得有礼貌，也简洁明了，同时表达了感谢之情，并且强调了团队的合作精神，展现了你对团队贡献的认可。同时，这个回复也可以让领导感到你不是个人英雄主义者，而是重视团队合作的人。

　　实际提问过程中，我们应该从哪些维度展开思考、提出背景信息呢？

　　可以参考下方的中心环绕图辅助分析和思考。

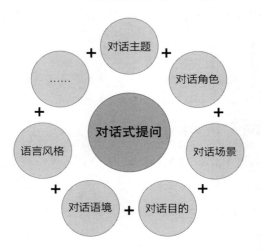

　　具体来说，在使用对话式提问时，为了确保对话的准确性和质量，我们可以向 AI 提供以下信息。

·对话主题：希望 AI 生成对话的主题是什么，例如旅游、科技、文化等。

·对话角色：对话参与者的身份是什么，对话参与者之间有怎样的关系。

·对话场景：对话在怎样的场景中展开。

·对话目的：对话想要达成什么样的结果。

·对话语境：我们可以提供对话的上下文，使 AI 能够生成连贯的对话。

·语言风格：希望生成的对话采用何种语言风格，例如正式、轻松、幽默等。

·对话长度：需要生成多长的对话内容。

·参考资料：向 AI 提供一些参考资料，例如相应主题的百科词条、相关文章、对话样本等。

在实际使用时，我们不需要面面俱到地把每一点背景信息都写出来，但要做到心中有数，以便随时调整和优化问题，从而获得更满意的回复。

更多使用对话式提问的场景如下。

例：用 AI 写短视频中的对话

❓ 帮我写一段对话，用于短视频脚本。
对话角色：领导 A 和员工 B。
对话场景：快下班了，领导要求员工加班。
对话目的：让员工以有理有据、不得罪人的方式拒绝加班。
视频长度：1 分钟。

例：写直播时的互动对话

❓ 我是直播间的一名主播，帮我写一段用于直播互动的对话。
　对话角色：主播和观众。
　对话场景：视频直播间。
　对话目的：向观众推销原价 299 元、现价 99 元的口红。
　语言风格：充满激情、有活力。

拓展应用 ··

　　由于 AI 具有强大的文本分析能力，在特定情况和一定程度上，它能够代替人类完成一些自动化的对话。

　　同时由于 AI 具有惊人的学习能力、超强的发散性"思考"能力，它生成的一些对话往往会带给人意想不到的惊喜。

1. 小说创作：真实对话使读者身临其境

　　在创作小说时，作者往往需要考虑：角色什么时候该说话，说什么，如何让不同性格的角色讲出合适的话，如何处理每位角色的特殊语言表达……

　　此外，站在读者的角度，作者还需要思考：如何通过对话把角色的动机传达给读者，如何通过对话刻画角色的内心世界……

　　由此可见，编写小说角色的对话并不是一件简单的事情，需要作者具有丰富的阅历和想象力。

　　当我们不知从何下笔或遇到创作瓶颈时，不妨借助 AI 生成对话，让角色之间的对话更具真实性、更符合其个性特征。

我们可以像下面这样提问。（仅展示 AI 回答的部分内容。）

❓ 请帮我写一段小说中的对话。

对话角色：森林猎人小帅，会说话的野兔。

对话场景：小帅在森林里打猎，看到一只野兔，即将扣动扳机时，野兔开口说话了。

对话目的：野兔最终说服小帅放下猎枪。

Ⓐ 小帅：（紧握猎枪，准备扣动扳机）今天终于有机会猎到一只野兔了！准备好了，小家伙！

野兔：（突然开口）等一下，等一下！请你停下来。

小帅：（惊讶地停下动作）什么？你、你居然会说话？

野兔：是的，我可以说话。请你不要开枪，让我们好好聊一聊吧。

小帅：（疑惑地放下猎枪）这可真是奇怪，我从没见过会说话的野兔。你有什么事要和我说吗？

野兔：我知道你是个猎人，但请你听我说一下。我也是大自然中的生物，和你一样有生命。我不想受伤害，只是想安全地生活。

小帅：可是打猎是我养家糊口的方式。你也应该理解，对吧？

野兔：我明白你的处境，但是否有其他办法能够维持你的生活呢？我也有家庭和孩子，我希望我们之间能够相互尊重和和平共存。

小帅：（陷入沉思）或许你说得对。其实，我一直没想过这个问题。我只是一味地追求打猎的刺激，完成养家糊口的使命。

（更多内容，略）

野兔和小帅一起走向森林深处，开始了一段新的友谊和冒险。他们明白彼此的立场，并且决心共同守护这片森林。从那天起，小帅成了森林的守护者。

可以看到，用 AI 生成小说中的角色对话，有时能带给我们意想不到的惊喜，帮助我们塑造人物、构思故事。

2. 客户服务和咨询：模拟对话可生成问答手册

客服通常需要与客户进行对话，了解客户的需求，从而为客户解决问题，并提供相关支持。

我们不妨让 AI 分别扮演客户和客服的角色并生成"自问自答"式对话，这有助于我们编制《客服常见问题问答手册》《客服培训手册》。

我们可以像下面这样提问。（仅展示 AI 回答的部分内容。）

> ❓ 我是书店的客服，请你生成客户与客服之间的对话，长度不限，目的是帮助我编制《客服常见问题问答手册》。
>
> ---
>
> 🅐🅘 客户：你好，请问我可以在你们的网站上购买电子书吗？
>
> 客服：您好！感谢您的咨询。是的，我们的网站提供电子书的购买服务。您可以通过搜索栏或者浏览相应的电子书分类来找到您感兴趣的电子书。一旦您选择了电子书，您可以将其添加到购物车并完成支付，然后您将获得电子书的下载链接或在您的账户中找到相关的下载选项。
>
> 客户：如果我购买的实体书有质量问题或者我不满意，可以退货吗？
>
> 客服：当然可以！如果您购买的实体书存在质量问题或者您不满意，我们可提供退货和退款服务。请您在收到书籍后仔细检查，并在一定时间内联系我们。我们将告知您退货的具体流程，并根据我们的退货和退款政策为您办理退款事宜。
>
> （更多内容，略）

注意事项

1. AI 缺少人类的情感，在生成对话时可能无法准确地感知和表达情绪，从而导致结果具有偏差和误导性。

2. AI 生成的对话还需进一步优化，避免产生不当言论和造成不良影响。

3. 使用对话式提问时注意不要泄露隐私，需要加强隐私保护和安全防范，保障数据安全。

10 信息一致性提问：
确保答案不"跑偏"

在向 AI 提问的过程中，很多人说 AI 经常会一本正经地胡说八道，其实这和我们提问时提供的信息不当有很大关系。

有人发现，在生活中跟朋友聊一件事，结果聊着聊着突然发现双方聊的不再是同一件事，简直牛头不对马嘴，这就是信息不一致导致的沟通中常见的问题。

场景：A 和 B 正在讨论一部电影。

A：你看过那部讲述一个普通人最后成为英雄的电影吗？

B：哦，我知道你在说哪部，那部电影叫《阿甘正传》，真的很感人！

A：啊，不对，我是指《蜘蛛侠》。

在这个例子中，A 提供的背景信息和 B 所理解的信息不一致，导致 B 误解了 A，造成了尴尬。

如果使用信息一致性提问，A 应该这样问：

你看过那部讲述普通人最后成为超级英雄的电影吗？它是美国导演鲍勃·佩尔西凯蒂在 2018 年执导的作品。

> 信息一致性提问通过明确并确保问题中的信息一致，帮助 AI 更准确地理解提问者的问题，从而生成符合提问者预期的回答。

要确保信息一致，可以关注以下 3 个关键点。

✓ 保持主题一致

同一次提问，尽量只涉及一个主题，多个主题可能导致信息混乱，影响一致性。

✓ 提供足够的信息

在提问时，提供与问题相关的上下文信息，可帮助 AI 更好地理解问题背景，有助于确保 AI 的回答与问题一致。

✓ 分步提问

如果问题较复杂，可以将其拆分成多个简单的问题，逐个提问。这样可以使信息更加一致、清晰。

通过关注以上关键点，我们可以在向 AI 提问时确保信息一致，从而提高沟通效率和 AI 回答的准确性。

下面再来看两个具体的例子。

例：投资建议（保持主题一致）

Before 常规提问	After 信息一致性提问
❓ 风险承受能力中等，我应该投资什么？	❓ 风险承受能力中等，我应该选择哪一类股票进行

投资？

AI 您可以考虑股票、债券、基金等多种投资产品。在投资前，请确保对投资产品有充分了解，或寻求专业投资顾问的建议。

AI 风险承受能力中等，在选择股票投资时，建议您采取长期投资策略，选择有稳定营利能力和良好基本面的企业。此外，您还应该关注公司的财务状况、行业前景、管理层素质等因素，进行综合分析和评估。

另外，建议您控制好投资的风险，采取适当的分散投资策略，避免过度集中投资于某些个股。同时，您也要注意市场波动和风险变化，及时调整投资组合。

在这个例子中，由于投资产品很多，为了确保 AI 快速识别主题，可在提问中限制投资产品为股票，这有助于 AI 给出更有针对性的投资建议。当然，AI 技术及应用并非完美，AI 给出的建议只能作为辅助参考。

例：编程学习（提供足够的信息）

使用信息一致性提问时，需要提供足够的信息，如具体的编程语言、问题和现有方法，这可使 AI 给出更有效的优化建议。

Before **常规提问**

? 如何优化我的代码？

After **信息一致性提问**

? 我正在使用 Python 开发一个计算斐波那契数列的程序，目前采用了递归的方式，但执行速度较慢。你能提供一些优化建议或替代方案吗?

🅐 为了给出具体的优化建议，我需要了解您的代码、编程语言以及您可能遇到的问题。请提供更多详细信息，以便我能够为您提供帮助。

🅐 针对您使用 Python 计算斐波那契数列的问题，您可以考虑使用动态规划或者迭代的方法优化您的代码。以下是一个使用迭代方法的示例：

```python
def fibonacci_iterative(n):
    if n == 0:
        return 0
    elif n == 1:
        return 1
    else:
        a, b = 0, 1
        for _ in range(2, n + 1):
            a, b = b, a + b
        return b
```

信息一致性提问多用于需要在特定背景下获取答案的情形，AI 可以帮助验证和核查数据、条件、逻辑、规范的一致性，提高工作效率并减少人为错误的发生。

来看看信息一致性提问在更多场景下的应用案例。

例：报告评估

Before

常规提问

❷ （研究报告，略）
帮我分析这份研究报告的可行性。

After

信息一致性提问

❷ （研究报告，略）
研究报告的结果是否基于正确的数据分析？

分析：使用常规提问，AI 关于可行性的判断只针对整个研究报告；使用信息一致性提问，AI 会检查研究报告中的结果和数据是否存在偏差，以判断研究报告的可行性。

例：软件代码检查

常规提问

❓（软件代码，略）

帮我检查一下代码有没有bug。

信息一致性提问

❓（软件代码，略）

这段代码中的语法逻辑是否前后保持一致？

分析：常规提问中，与"bug"有关的内容比较宽泛，AI不易准确把握；使用信息一致性提问，明确要求AI检查代码中的语法逻辑的一致性，这有助于AI找到代码存在的问题。

例：产品检验

常规提问

❓（产品设计思路和制造指南，略）

产品设计思路是否存在缺陷？

信息一致性提问

❓（产品设计思路和制造指南，略）

产品设计思路与制造指南的规范是否一致？

分析：常规提问中，缺陷可能是一个无法检查和量化的问题；使用信息一致性提问，明确要求AI核对产品设计思路和制造指南的规范是否一致，这有助于AI分析可能存在的一致性问题。

在与 AI 进行交流时，使用信息一致性提问不仅可以大大提高 AI 解决问题的效率和准确性，而且这种提问方式在信息核查、信息比对等任务中也非常有用，以下是具体的应用场景。

1. 信息核查：让 AI 帮助检查内容错误

在信息核查方面，AI 不仅能够核查外部信息，甚至可以核查它自身输出的信息。

例如，要求 AI 分析一篇小说的背景信息是否符合 18 世纪 30 年代的史实，并让其给出修改建议。

> ❓ 我正在写一篇故事背景设定在 18 世纪 30 年代的法国小说，主人公的朋友是一位刚刚发明了蒸汽机的科学家。这种背景设定合理吗？
>
> 🅰 你的设定可能与史实有些出入。蒸汽机的发明早于 18 世纪 30 年代，且主要的发明工作并非在法国完成。蒸汽机最早在 17 世纪末发明，并在 18 世纪初由英国的托马斯·纽科门进行了重要的改进。此外，18 世纪 30 年代法国的社会政治环境以启蒙运动为主，如果你希望在这个背景下设定故事，可能需要考虑拟定一个与这个时代的社会和科学发展更紧密相连的主题。
>
> ❓ 针对以上史实，应该如何修改和优化呢？
>
> 🅰 针对以上史实，你可以考虑以下修改和优化建议。

1. **调整发明**：将小说中主人公的发明调整为与 18 世纪 30 年代法国的科技发展更紧密相连的发明，例如，你可以让主人公研究气体、化学反应或者光学原理等与启蒙运动相关的科学领域。

2. **调整时代背景**：保留主人公发明蒸汽机的设定，但将小说的背景调整至 18 世纪初的英国，这与托马斯·纽科门改进蒸汽机的时间相符。

3. **强调国际合作**：可以设定主人公在 18 世纪 30 年代的法国与其他国家的科学家（例如英国的托马斯·纽科门）合作，共同改进蒸汽机，从而体现当时欧洲各国科学家间的交流与合作。

4. **添加启蒙运动元素**：在小说中强调与启蒙运动相关的事件和人物，使故事更贴近 18 世纪 30 年代法国的社会政治环境，例如，主人公可能与伏尔泰、卢梭等启蒙思想家有交流，或者受到他们思想的影响。

这些修改和优化建议可以使你的小说背景更贴近历史实际，同时保持故事的吸引力。

2. 信息比对：让 AI 利用自身数据库比较内容

AI 工具大量出现后，很多人选择用 AI 来写论文，对此老师很头疼：如何避免学生过度依赖 AI 进行学术论文写作呢？

一位老师找到了一个好的验证方法，对于学生交上来的论文，她会问 ChatGPT："这是你写的吗？"结果真的发现有几篇论文的主题和写作风格跟 ChatGPT 的创作相符，她拿着证据一问学生，学生就承认了。

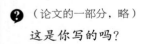（论文的一部分，略）

这是你写的吗？

Ⓐ 我是一个人工智能模型，我没有个人身份和记忆，但是，这段内容的风格和主题与我提供的信息相符。

注意事项

1. 使用信息一致性提问前要明确问题的范畴，确保 AI 能够生成与问题范畴一致的内容。

2. 问题中包含的信息越详细越好，以便 AI 能更准确地分析问题。

3. 根据 AI 的回答的质量，适时调整提问策略，例如提供更多上下文信息或重新表述问题。

11 信息整合提问：
高效整合信息并解决问题

在学校和职场中，要想更高效地解决问题，达成目标，获取信息是基础，而整合信息是关键。掌握了信息整合提问，就掌握了获取知识、解决问题的关键能力。

想象这样的场景：你正在给一个新项目做前期调研，需要分析两家竞争对手公司的相关信息。

以下是 3 种向 AI 提问的方式。

提问一：

❓ 请帮我搜集竞争对手 A 公司、B 公司的基本信息。

🅰 以下是一些关于这两家公司的基本信息。

A 公司

1. A 公司是一家美国零售巨头，是世界上最大的零售公司之一，经营各类产品，包括食品、家居用品、电子产品、服装等。

2. A 公司的经营模式主要包括大型超市和会员制仓储式商店。A 公司也在电子商务领域有所发展，并且通过在线平台销售产品。

3. A 公司致力于提供低价产品，以吸引广大消费者。A 公司采取积极的采购策略和供应链管理策略，以降低成本，并通过规模经济获得竞争优势。

4. 在全球范围内，A 公司在许多国家都有分支机构，并且在一些国家通过合资方式进行业务拓展。

B 公司

1. B 公司是一家总部位于美国的会员制仓储式零售公司,成立于 1983 年。它在全球范围内经营各类产品,包括食品、家居用品、电子产品、家具等。

2. B 公司采用会员制模式,消费者需支付会员费才能购买产品。这种模式有助于 B 公司提供低价产品,并且吸引忠实的会员群体。

3. B 公司注重为会员提供高品质的产品和良好的购物体验。它以大宗采购和精简运营为基础,通过降低成本和提高周转率来实现盈利。

4. B 公司在全球范围内拥有众多分店,包括美国、加拿大、墨西哥、英国、日本等国家。

提问二:

❓ 请告诉我竞争对手 A 公司和 B 公司的市场份额、产品特点和价格策略。

🅐 以下是关于 A 公司和 B 公司的市场份额、产品特点和价格策略的信息。

A 公司

1. 市场份额:A 公司是全球最大的零售公司之一,根据 2019 年的数据,它在美国的市场份额约为 11%。

2. 产品特点:A 公司经营各类产品,包括食品、家居用品、电子产品、服装等;A 公司为消费者提供广泛的选择,以满足不同消费者的需求;此外,A 公司也拥有自有品牌,并且在某些领域提供高端产品,如电子设备。

3. 价格策略:A 公司以提供低价产品著称,采取了积极的采购策略和供应链管理策略以降低成本;A 公司通过规模经济和高周转率来实现盈利，并将成本优势转化为价格优势；A 公司还提供价格匹配政策，确保消费者可以享受到最低价格。

B 公司

1. **市场份额**：根据 2020 年的数据，B 公司在美国的市场份额约为 2%；尽管市场份额相对较小，但它在会员制仓储式零售市场中具有一定竞争优势。

2. **产品特点**：B 公司提供各类产品，包括食品、家居用品、电子产品、家具等；B 公司以大容量包装和大宗销售为特点，可以满足消费者在家庭或商业方面的需求；此外，B 公司也拥有自有品牌，并以提供高品质的产品著称。

3. **价格策略**：B 公司的价格策略基于会员制模式，消费者支付会员费后可以获得购物资格，并享受较低的价格。

提问三：

❓ 请按照市场份额、产品特点和价格策略分别对竞争对手 A 公司、B 公司进行比较。

🅐 市场份额

– A 公司在全球零售市场中拥有较大的市场份额，是世界上最大的零售公司之一。根据 2019 年的数据，A 公司在美国的市场份额约为 11%。

– 相比之下，B 公司在零售市场中所占的份额较小。根据 2020 年的数据，B 公司在美国的市场份额约为 2%。

产品特点

– A 公司经营各类产品，包括食品、家居用品、电子产品、服装等。A

公司为消费者提供广泛的选择，以满足不同消费者的需求。A 公司也拥有自有品牌，并在某些领域提供高端产品，如电子设备。

－B 公司同样提供各类产品，包括食品、家居用品、电子产品、家具等。B 公司以大容量包装和大宗销售为特点，可以满足消费者在家庭或商业方面的需求。B 公司也以提供高品质的产品著称，并拥有自有品牌。

价格策略

－A 公司以提供低价产品著称，通过采用积极的采购策略和供应链管理策略降低成本，以规模经济和高周转率实现盈利。A 公司还提供价格匹配政策，确保消费者可以享受到最低价格。

－B 公司的价格策略基于会员制模式。消费者支付会员费后可以获得购物资格，并享受较低的价格。B 公司通过批发采购和精简运营降低成本，并将成本优势转化为价格优势。公司主要依赖会员费收入实现盈利。

总体来说，A 公司在全球范围内的市场份额较大，以提供广泛选择和低价产品为特点。B 公司虽然市场份额较小，但以会员制模式、大容量包装和提供高品质产品著称。两家公司在产品特点和价格策略上都有一些相似之处，但 A 公司在全球扩张和规模经济方面更具优势，B 公司则专注于会员制仓储式零售模式。

❓ 帮我用表格的形式总结以上信息。

🅰

公司	市场份额	产品特点	价格策略
A 公司	全球最大的零售公司之一	提供广泛选择和低价产品，包括食品、家居用品、电子产品、服装等	采用积极的采购策略和供应链管理策略降低成本，以规模经济和高周转率实现盈利，提供价格匹配政策
B 公司	相对较小的市场份额	产品丰富，包括食品、家居用品、电子产品、家具等	采用基于会员制模式的价格策略，消费者支付会员费后可以获得购物资格，享受较低的价格，通过批发采购和精简运营降低成本

在这个场景中，采用第一种提问方式只能获得两家公司的基本信息；第二种提问方式在第一种的基础上对要获取的信息做了分类，这有利于 AI 整合信息，帮助提问者加深对竞争对手的了解；第三种提问方式在第二种的基础上要求 AI 对不同的板块进行整合对比，这有利于提问者针对不同对手制订相应的策略。

信息整合提问是指对多个信息源、知识点或观点进行融合、梳理和分析，以解决特定问题或满足用户需求，其使用场景举例如下。

例：对信息进行分类

Before **常规提问**

❓ 请告诉我红酒的品种和产地。

After **信息整合提问**

❓ 请按品种和产地对法国、意大利和西班牙的红酒进行分类。

例：提供建议

Before **常规提问**

❓ 如何减肥？

After **信息整合提问**

❓ 请从饮食、运动和生活习惯三个方面，给我提供一些减肥建议。

例：制订学习计划

Before **常规提问**

❓ 如何提高英语听力水平？

After **信息整合提问**

❓ 请按照初级、中级和高级三个阶段，分别给我制订英语听力提高计划。

在进行信息整合时，我们可以从以下角度考虑。

⊘ 主题角度

按照特定的主题进行信息整合。例如，要了解某个科技领域的发展，我们可以收集相关的科技新闻、研究论文、专家观点等，让 AI 将它们整合在一起，从而为我们提供该领域的综合信息。

⊘ 时间角度

按照时间顺序对信息进行整合。这有助于我们了解某事件或主题的演变和发展过程。我们可以查找历史资料、新闻报道、研究报告等，让 AI 按照时间顺序整理并分析它们，从而为我们提供全面的信息。

⊘ 观点角度

按照不同的观点或立场进行信息整合。这有助于我们了解有关一个问题或主题的多个方面的不同看法。我们可以收集不同作者、专家或团体的观点、研究成果、评论等，让 AI 对它们进行整合和分析。

⊘ 跨学科角度

从多个学科的角度整合信息。当某些问题或主题涉及多个学科时，我们可以收集来自不同学科的相关文献、研究报告、专家意见等，让 AI 将它们整合在一起，形成跨学科的综合信息。

⊘ 媒体角度

从不同的媒体渠道整合信息。对于某个事件或主题，不同的媒体平台和渠道可能报道和呈现不同的信息，包括新闻媒体、社交媒体等。我们可以收集来自不同媒体的相关信息，让 AI 对它们进行整合和比较，以获取更全面和多样化的信息。

以上这些角度还可以相互结合使用，我们可根据自身需求和信息来源的特点选择最恰当的信息整合方式。

AI 具备高效获取、处理和整合不同信息的能力，可以针对提问提供准确、全面的回答。信息整合提问还常用于投资决策、旅游规划和故障诊断等多个场景，举例如下。

1. 投资决策：让 AI 帮你分析股票投资价值

投资者可以让 AI 整合多个信息源，以分析某公司的股票投资价值。在这个过程中，AI 可以帮助投资者了解该股票的投资价值和潜在风险，从而做出更明智的投资决策。

需要强调的是，AI 技术及应用并非完美，AI 给出的结果仅能作为参考。

> ❓ 从财务数据、产品线、创新能力、竞争对手等因素，帮我分析苹果公司股票的投资价值。
>
> ⒜ 我可以帮你分析苹果公司股票的投资价值，但请注意这不是投资建议，仅供参考。
>
> 根据财务数据，……
> 从产品线来看，……
> 从创新能力来看，……
> 从竞争对手来看，……
>
> 综上所述，苹果公司股票的投资价值取决于你对其未来发展的预期和信心。如果你认为苹果公司能够继续保持其创新优势和品牌影响力，并在新兴领域取得突破和领先，那么投资苹果公司股票可能是一个不错的选

择。如果你担心苹果公司会受到来自竞争对手的压力，并且对其增长潜力有所怀疑，那么苹果公司股票可能不适合你投资。

2. 旅游规划：综合对比信息，规划旅游行程

如果因为忙而没有时间规划旅游行程，我们可以让 AI 整合多个平台的信息，然后给出推荐，根据自己的需求和喜好筛选出合适的目的地。

❓ 针对即将到来的国庆节长假，请整合马蜂窝、携程旅行网、去哪儿网的旅游信息，分析旅游景点、住宿、交通和餐饮等方面的信息，为我推荐一个适合一家三口出游的目的地并规划行程安排。

🅰️ 我可以根据你的要求，为你规划一个适合一家三口出游的行程安排，但请注意这不是旅行建议，仅供参考。

根据网上的旅游攻略，我为你推荐以下几个目的地和行程安排。

** 目的地一：江西婺源 **
婺源是中国最美的乡村之一，被誉为"中国最美的乡村画卷"。婺源有着秀美的自然风光和深厚的人文底蕴，是一个适合亲子游的好地方。
** 行程安排：**
（更多内容，略）

3. 故障诊断：帮助排查和解决问题

如果电子设备出现了故障，比如电脑突然无法开机，可以试着将电脑信息和出现的问题告诉 AI，让 AI 帮忙分析可能存在的问题，以及进行相关问题的排查。

❓ 我的笔记本电脑无法正常启动，操作系统是 Windows，我听到了一连串的嘟嘟声，请帮我诊断一下问题。

🅰 根据您描述的嘟嘟声，这可能是与内存模块有关的问题。请尝试按以下步骤操作以排查问题：

1. 关闭笔记本电脑并拔掉电源线；

2. 拆下电池（如果可以的话）；

3. 按住电源按钮 10 秒，以排放残余电能；

4. 打开笔记本电脑底部的内存插槽盖（您可能需要使用螺丝刀）；

5. 检查内存模块是否已正确安装，如果有多个内存模块，请尝试交换它们的位置；

6. 重新安装电池并连接电源；

7. 尝试启动笔记本电脑。

如果问题仍然存在，请告诉我，我们将继续排查其他可能的原因。

注意事项

1. **判断信息相关性**：如果发现答案中包含与问题不相关的信息，就请调整问题描述，以获得更准确的答案。

2. **多角度提问**：尝试从不同的信息源和角度提问，比较各个答案的异同，以获得更全面和客观的结论。

3. **多角度分析**：从多个角度审视 AI 给出的答案，以便发现潜在的问题，这有助于形成更全面的判断和更明智的决策。

4. **信息源可靠性**：AI 整合的信息可能来自不同的网站、数据库和平台，因此，要关注信息源的可靠性，确保 AI 整合的信息是准确、权威和及时的。

12 多项选择提问：
快速决策，告别"选择困难"

有时候针对用户的提问，AI 提供的答案过多，这并不是一件好事，例如：

一个管理者准备培训部门员工，需要挑选合适的培训方向，以下是两种提问方式。

提问一：

> ❓ 我们是一家在线教育公司，请推荐适合我们公司基层员工的培训方向。
>
> ---
>
> 🅰 作为一家在线教育公司，基层员工的培训课程应该涵盖不同方面的知识和技能，以提升员工的工作效率和业务素质。以下是一些建议。
>
> **1.** 客户服务和沟通技巧：这类课程可以帮助员工更好地与客户、学生和家长沟通，提高客户满意度和忠诚度。
>
> **2.** 项目管理和时间管理：提高员工的组织和协调能力，帮助员工更有效地安排和执行任务，确保项目的顺利进行。
>
> **3.** 销售和市场营销：教授员工如何开展有效的销售活动，提高产品推广和客户拓展能力。
>
> **4.** 技术培训：包括计算机技能、在线教育平台使用方法和网络安全等方面的培训，帮助员工熟练掌握所需技能。
>
> **5.** 在线教学方法和策略：针对教育行业的特点，培训员工如何运用在线教学工具和方法，提高教学质量。
>
> （更多内容，略）

提问二：

❓ 我们是一家在线教育公司，请从团队协作、领导力和沟通技巧三个方面推荐一个最适合我们公司基层员工的培训方向。

🅰 在团队协作、领导力和沟通技巧这三个方面，我建议对你们的基层员工进行以沟通技巧为核心的培训。原因如下。

提高教学质量：……

客户满意度：……

团队协作：……

领导力：……

综上所述，对于在线教育公司的基层员工，沟通技巧是一个关键的培训方向。你们可以通过举办沟通技巧培训课程、模拟实际场景、举办分享会等形式来提高员工的沟通能力。在此基础上，你们还可以进一步开发与团队协作和领导力相关的培训课程，全面提升员工的职业素质。

在这个例子中，AI 对提问一的回答虽然很全面，但提问者很可能因此陷入纠结的境地；提问二明确给出了三个选项：团队协作、领导力和沟通技巧，从而使 AI 根据这些选项提供更具针对性的建议，这便是多项选择提问。

多项选择提问是一种通过给出多个选项，让 AI 从中选择一个最合适的选项的提问方式；或者通过提问引导 AI 进入一个更具体的方向，以帮助提问者达到更明确、更聚焦的目标。这种提问方式有助于提高答案的针对性和准确性，使提问者进一步从既定选项中获取最优选项。

在现实生活中，我们常常需要从多个选项中选择最优的。以下是多项选择提问的应用案例。

例：选择理财方式

常规提问

多项选择提问

❓ 哪种方式最适合理财小白？

❓ 我是一个理财小白，你认为哪种投资选择最适合我？A. 股票；B. 债券；C. 黄金。

🅰️ 作为理财小白，最适合采取稳健和简单的方法来理财。以下是几种适合理财小白的方式。

1. **活期储蓄**：最简单的方式是将资金存放在银行的活期储蓄账户中。

2. **定期存款**：定期存款是一种锁定资金一段时间并获得更高利息的方式。

3. **投资基金**：基金是由一群投资者共同出资形成的投资工具。

🅰️ 作为一个理财小白，我建议你首先考虑债券和指数基金等较为稳健的投资选择。以下是对每种投资选择的简要解释。

A. 股票：……

B. 债券：……

C. 黄金：……

总的来说，作为理财小白，债券和指数基金可能是较为合适的投资选择。债券收益相对较稳定，而指数基金可以通过分散投资降低风险。

投资是一件收益与风险并存的事，须格外谨慎。AI 给出的建议只能作为参考。

例：选择减肥方法

常规提问

❓ "宅男"如何减肥？

- -

🅐 "宅男"减肥可以通过以下一些方法来实现。

1. **健康饮食**：注意饮食习惯非常重要。尽量选择健康的食物，包括蔬菜、水果、全谷物、瘦肉和蛋白质丰富的食品。避免过多摄入高糖和高脂肪的食物。控制饮食量，避免过量进食或暴饮暴食。

2. **规律的饮食时间**：建立规律的饮食时间表，尽量养成每天三餐的习惯，并避免吃夜宵。规律的饮食可以帮助调整新陈代谢，并避免不必要的零食摄入。

（更多内容，略）

多项选择提问

❓ 我是一个"宅男"，考虑到我的生活方式和喜好，以下哪种减肥方法最适合我？A. 有氧运动；B. 健身房锻炼；C. 瑜伽；D. 跳舞。

- -

🅐 作为一个"宅男"，考虑到你的生活方式和喜好，以下减肥方法可能更适合你。

C. 瑜伽：瑜伽是一种综合……

瑜伽适合"宅男"的原因有以下几点。

1. **无须特殊设备**：您只需要一个瑜伽垫就可以进行练习，无须额外的器械或设备。

2. **室内运动**：瑜伽可以在家中的舒适环境中进行，符合"宅男"喜欢在家中进行锻炼的习惯。

（更多内容，略）

以下是多项选择提问在更多场景下的应用案例。

例：提供报考建议

Before **常规提问**

After **多项选择提问**

❓ 发展前景最好的专业是哪一个？

❓ 从以下四个专业中选择一个发展前景最好的：计算机科学、金融、市场营销和生物技术。

例：推荐电影

常规提问

多项选择提问

❓ 什么电影适合和女朋友一起看？

❓ 从以下五部电影中选择一部适合和女朋友一起看的：
《阿凡达》
《星际穿越》
《泰坦尼克号》
《盗梦空间》
《肖申克的救赎》

拓展应用 ··

多项选择提问也适用于那些需要在有限的选项范围内做出判断或选择的场景，例如产品推荐、市场调研、考试命题等。

1. 产品推荐：让 AI 帮你摆脱选择困难症

在选择一款产品时，用户可以通过多项选择提问获取更精确的产品推荐。例如，想买一本书，而现在购物车里有好几本书，这时可以让 AI 帮忙决策并给出理由。

> **❓** 我喜欢阅读科幻小说，并且对探讨人工智能的作品特别感兴趣。以下哪本书最符合我的兴趣？说明原因。
> A.《1984》乔治·奥威尔
> B.《三体》刘慈欣
> C.《机器人的黎明》艾萨克·阿西莫夫
> D.《沙丘》弗兰克·赫伯特
>
> ----
>
> **AI** C.《机器人的黎明》艾萨克·阿西莫夫
> 原因：《机器人的黎明》是艾萨克·阿西莫夫的一部经典科幻小说，主要探讨了人工智能和机器人的发展及其对人类社会的影响。这本书符合您对科幻小说和人工智能的兴趣。

2. 市场调研：让 AI 做趋势分析

在市场调研领域，用户可以通过多项选择提问来让 AI 提供市场分析信息。

> **❓** 根据近几年的市场数据，以下哪个行业在未来五年内预计增长最快？请给出原因。
> A. 石油和天然气行业
> B. 可再生能源行业
> C. 传统零售行业
> D. 纸张制造行业

🅐 B. 可再生能源行业

原因：随着全球对减少温室气体排放的关注和可持续发展的需求，可再生能源行业预计在未来五年内增长最快。太阳能、风能等清洁能源的投资和研发规模将继续扩大，以应对日益严峻的气候变化。

3. 考试命题：帮老师快速出一套试卷

在教学领域，老师可以使用多项选择提问让 AI 帮助出题，并提供答案和解析。

❓ 帮我出 10 个高考历史选择题，并给出答案和解析。

🅐 以下是 10 个关于高考历史的单项选择题及答案和解析。

一、秦始皇统一中国后，实行了哪种政治制度？

A. 分封制

B. 郡县制

C. 宗法制

D. 世卿制

答案：B. 郡县制

解析：秦始皇统一六国后，废除了分封制，实行郡县制，以加强中央集权。

二、以下哪个哲学家是古希腊哲学家柏拉图的弟子？

A. 苏格拉底

B. 亚里士多德

C. 赫拉克利特

D. 普罗泰戈拉

答案：B. 亚里士多德

解析：亚里士多德是古希腊哲学家柏拉图的弟子，他跟随柏拉图学习并成为一名著名的哲学家。

（更多内容，略）

注意事项

1. **选项设置合理**：确保提供的选项是与主题相关且实际可行的，避免使用无关或明显错误的选项，以免 AI 输出具有误导性的答案。

2. **选项数量适中**：选项过多可能会导致用户对 AI 输出的答案感到困惑，选项过少可能导致答案无法满足用户的需求；用户应根据问题的复杂程度，设置适当数量的选项。

3. **避免使用模糊或描述不清晰的选项**：确保对选项的描述清晰明了，避免使用模糊或容易产生歧义的词汇。

4. **在适当的情况下使用开放式选项**：在适当的情况下可以使用开放式选项，如"其他"或"自由发挥"，以免过度限制 AI 的创造性和灵活性。

13 约束提问：
精准获取所需内容

发散提问是让 AI 了解背景信息和需求后自由作答，生成多个不同的方案；约束提问则是让 AI 在给定的框架中，依据给定的模板、风格有限制地作答，通常只需要 AI 生成一种方案。

例如，让 AI 参照固定模板写一段自我介绍，按给定的框架写一份工作报告，依照特定句式造一个句子，用指定的风格改写文案，等等。

如果所需内容的模板、框架、风格已确定，不妨通过约束提问让 AI 生成更精准的内容。

我们可以参照如下公式提问：

以改写文案为例，进行约束提问时需要向 AI 提供如下信息。

（1）必要约束条件：要求文风活泼俏皮。

（2）其他约束条件：提供原始文案，并要求 AI 增加一些表情符号。

将所有约束条件进行编辑组合，即可得到一个约束问题。

> ❓ 请帮我按活泼俏皮的风格改写以下文案，并增加一些表情符号。
> 要有效应对负面情绪，我们必须首先接纳它们。当我们有

负面情绪时就好像河道被堵，我们应该使河道畅通，而非保持堵塞。就负面情绪的释放方法而言，我愿意分享一些经过亲身验证的实用技巧。

⚠ 嘿，想要对付负面情绪吗？那就得先接纳它哟！ 😊

想象一下，河道被堵的话我们是不是得让它畅通啊。 🤗

下面是我亲自试过的几个超实用的负面情绪释放方法，供你参考啦！ 👇

再来看一个撰写节假日放假通知的例子。

（1）必要约束条件：详细的框架。

（2）其他约束条件：创作主题、风格、字数等。

问答内容如下：

❓ 帮我按以下框架写一份"劳动节放假通知"，要求：清晰、简明，200字左右，表达公司对员工的关心。

通知标题

放假时间：4月29日—5月3日

工作安排

联系方式

祝福语

通知时间：2023年4月20日

⚠ 劳动节放假通知

尊敬的全体员工：

值此劳动节来临之际，公司向全体员工致以节日的问候和美好的祝福。

为了让大家更好地享受节日，公司决定放假5天，具体时间为4月29

日至 5 月 3 日。

在此期间，公司将暂停正常工作，确保大家能够充分休息和放松身心。

如有紧急情况，请及时拨打公司值班电话（×××-×××××××××）

或联系负责人 ×××（136×××××××××）。

最后，感谢大家一直以来的辛勤工作和奉献。祝愿大家在节日里能够放松身心，享受生活，迎接更美好的未来！

祝大家节日快乐！

××× 公司

2023 年 4 月 20 日

不难发现，好的约束提问可以让 AI 提供更符合预期的回复，从而使我们更准确地获取所需信息，提高问答效率。

以下是约束提问的更多使用场景。

例：提供约束模板，让 AI 造句

❓ 请帮我补全括号中的内容：（　　　　）不在于（　　　　），而在于（　　　　）。

🅰 （关键）不在于（外在条件），而在于（内在品质）。

句子举例：

成功不在于机遇，而在于努力。

幸福不在于财富，而在于内心的满足感。

成就不在于天赋，而在于不断地学习和实践。

请注意，括号中的内容可以根据具体情境进行替换，这里提供的只是一些示例。

例：提供约束范围，让 AI 帮助选择

❓ 我想看悬疑小说，你建议我从哪一本开始？给我一个建议即可。

🅰 如果你喜欢悬疑小说，我建议你从阿加莎·克里斯蒂的作品开始。她是……
推荐你从《东方快车谋杀案》开始阅读。这本小说的故事发生在……，你将跟随波洛一起解开这个令人困惑的谋杀之谜。阅读这本书，你将进入一场紧张刺激的推理之旅，希望你会喜欢！

拓展应用

约束提问往往会限制问题的范围和可能的回复，我们可以引导 AI 从一些特定角度或限制条件来考虑问题并给出回复。因此约束提问还可用于项目管理、团队管理等需要引导思考和促进决策的场景。

1. 项目管理：解决实际工作的问题

在项目管理中，我们可以向 AI 提出约束问题，以帮助我们更专注、更有针对性地思考并解决实际问题。

例如：

（1）在我目前的工作职责范围内，如何解决这个问题？

（2）如果我只有三个月时间来完成这个项目，我可以如何安排工作？

（3）在这个预算限制下，我如何完成这个项目？

（4）在这个团队的能力和资源限制下，我如何最大限度地发挥下属／同事的潜力？

（5）有两个工作项目／任务，我应该选择哪个？

以"如何规划写市场调研分析报告的时间"这一问题为例，我们需要向 AI 提供如下信息。

（1）必要约束条件：时间限制为三天内；

（2）其他约束条件：人员配置数量为一人。

我们可以像下面这样提问。（仅展示 AI 回答的部分内容。）

❓ 我需要在三天时间内，独自一人完成市场调研分析报告，我应该如何规划时间？

🅐 完成一份内容全面的市场调研分析报告需要一定的时间和策划。要在三天时间内完成这个任务，以下是一个可能的时间规划建议。

第一天

1. 确定报告的范围和目标：……

2. 收集数据和信息：……

3. 设计市场调研方法和问卷：……

第二天

1. 执行市场调研：……

2. 数据分析：……

第三天

1. 编写报告大纲：……

2. 编写报告正文：……

3. 总结和推荐：……

4. 修订和编辑：……

请注意，以上仅是一个大致的时间规划建议，具体的时间安排可能因个人工作效率和市场调研的复杂性而有所不同。在规划时间时，确保给各个任务合理分配时间，并留出余地以应对可能出现的延迟或修订需求。

2. 文艺创作：生成特定风格的作品

由于约束提问能够限制 AI 生成内容的风格，因此当用户需要创作特定风格的插画作品时，可以这样提问：

请帮我把这张照片改为 3D 二次元画风。

请把这张插画改为莫奈的印象派画风。

在文学和文案创作领域，用户同样可以使用约束提问改写、扩写或创作指定风格的作品。例如：

请按奥斯卡·王尔德幽默讽刺的写作风格，帮我扩写这则故事。

请帮我按慷慨激昂的风格，改写以下演讲稿。

下面来看一些完整的问答案例。

❓ 请按年青人喜欢的文学风格，写三行情诗。

🅰 血液沸腾，心脏跳动。
你是我的荒废城市，打破我曾经的宁静。

让我迷失在欲望的深渊，无法自拔。

? 请按浪漫主义文学的风格，写三行情诗。

AI 在黄昏的余晖中，两颗心同时奏响一曲。

爱的花朵在风中轻舞，散发着甜蜜的气息。

你是我生命中的星辰，永不熄灭的火焰。

? 请按现实主义文学的风格，写三行情诗。

AI 在平凡的日子里，我们相遇于尘世间。

珍视朴实的情感，绽放真实的光芒。

没有华丽的辞藻，只有平凡的爱意。

? 请按奇幻文学的风格，写一行情诗。

AI 你是我心中奇幻的魔法，唤醒了无尽的梦幻。

注意事项

1. 使用约束提问命令 AI 按指定风格生成内容时，我们先要确保 AI 了解并掌握该风格。我们可以问它"你是否了解 ×× 风格"，如果回答是肯定的，则继续提出约束问题；如果回答是否定的，则要给 AI 发送一些相关资料让它学习该风格，再通过约束提问使之生成指定风格的内容。

2. 约束提问一般会限制问题的范围，如果限制条件太多或太严格，则可能导致 AI 在回复中排除一些相关的信息，从而有损回复的广度和深度，因此我们要注意调整限制条件。

3. 约束提问中的限制条件应清晰、无歧义。我们需要对 AI 的回复内容进行甄别，或者通过多次提问来获得更完整、更准确的答案。

14 对立提问：
抵御攻击和偏见

想象一下工作中的一个常见情景：团队正在讨论下一季度的推广计划，你的一名下属非常自信地展示着自己的方案，却忽略了很多可能存在的风险与漏洞。如果你想通过提问引导他做出更加客观、全面的分析，你会怎么问？

提问一：小李，你的方案确定可行吗？

听你这么问，小李可能会猜测你对他没信心，不但不会反思，反而更加卖力地展现自己方案的优点与亮点，甚至会夸大事实或胡编乱造。

提问二：小李，你认为竞争对手会如何应对这份方案？你有没有想过他们可能会采取什么措施来阻止我们实施这份方案？

这么问可以激发小李对方案中的潜在风险和漏洞进行思考，提高其思考水平和解决问题的能力，从而帮助他制订出更加全面和可行的推广计划。

在这个例子里，提问二便是对立提问。

"对立提问"是什么意思呢？

对立提问是一种通过引入不同于被问者观点的信息来激发被问者思考的提问方法。这种方法采用挑战、质疑或对抗被问者的方式，促使被问者从新的角度看待问题，尽可能地避免产生偏见。

上面例子里的小李就相当于 AI，易陷入单一的思考模式或观点，对立提问可帮助其学会从不同的角度看待问题，发掘问题的不同方面和复杂性，从而更全面地理解问题，做出更明智的选择。

以下是对立提问的六大模式。

·**反面思考模式**。例如：如果这个想法 / 计划 / 决策失败了，会有哪些负面影响？

·**反向思考模式**。例如：如果目标完全相反，你会采取什么行动？有哪些不同的考虑因素？

·**对比思考模式**。例如：与其他类似的方案相比，这个计划有哪些优 / 劣势？

·**反转思考模式**。例如：如果站在对方的立场上，你会有哪些不同的看法或考虑？

·**对立观点模式**。例如：如果有人持相反观点，会有哪些论据支持他们的观点？

·**反问模式**。例如：如果你的决策是错的，那么正确的做法是什么？

介绍六大对立提问模式后，接下来结合实际场景进一步说明。

例如，你现在的工作稳定但是薪资较低，你发现了一个薪资更高的工作机会，但是不确定是否应该换工作，想请 AI 帮你理性地分析一下。这时你就可以使用六大对立提问模式中的反向思考模式。

Before **常规提问**	After **对立提问（反向思考模式）**
❓ 请根据我提供的资料告诉我，这个新的工作机会会给我带来哪些好处？	❓ 请根据我提供的资料告诉我，我是否适合这份新工作？如果我不接受它，会有哪些损失？这份新工作是否有更好的职业发展和提升空间？

以下是对立提问在不同场景下的应用案例。（仅展示 AI 回答的部分内容。）

例：餐厅改进建议

Before **常规提问**	After **对立提问（反转思考模式）**
❓ 如果我想开一家正宗的法国餐厅，应该做哪些准备？	❓ 如果你是一位法国食客，你会对一家餐厅提出哪些改进建议，以让它更符合法国餐饮文化的要求？

AI 研究法国餐饮文化和菜肴，找到合适的位置，使设计和装修与法国餐饮文化相符合，招聘合适的员工，制订合理的价格策略……

AI 1. 提供更多法国经典菜品，如红酒炖牛肉、煎鹅肝和焗蜗牛等；增加传统的法式下午茶。

2. 法国人很看重用餐时搭配的酒，餐厅需要提供更多法国传统的美酒，比如波尔多葡萄酒等，并且需要有专业的侍酒师为客人介绍和推荐……

例：产品竞价

Before **常规提问**

? 请根据我提供的新产品信息，帮我分析我对这款新产品的报价是否合理。

After **对立提问（对立观点模式）**

? 以上是新产品信息和报价资料，如果客户打算考虑报价更低的竞争对手的产品，我应该如何证明我的产品 / 服务的价值更高？有什么方案来说服客户？

AI 报价需要考虑多方面因素，例如市场需求、竞争对手、目标受众等。如果您的产品能够提供独特的价值，满足目标受众需求，这个价格可以接受。但是如果市场上有了提

AI 你可以考虑以下几种方案来证明你的产品 / 服务的价值更高：

1. 强调产品 / 服务的独特性……

2. 列举客户满意度和引用成功案例……

供类似产品的竞争对手，或者目标受众不愿意承受这个价格，那这个价格就不太合理了……

3. 比较竞争对手的产品 / 服务和你的产品 / 服务的总成本……

例：**图书写作建议**

常规提问

对立提问（对比思考模式）

❓ 我想写一本关于中学生情绪管理的心理学图书，请问这个选题能吸引读者吗？

❓ 我想写一本关于中学生情绪管理的心理学图书，但是市场上已经有其他的关于中学生心理健康和情绪管理的图书，请以《×××》为例，分析我的书怎样写才能吸引读者。

Ⓐ 现代社会竞争激烈，中学生面临着各种压力和挑战，情绪管理问题也越来越突出。所以，关于中学生情绪管理的心理学图书还是挺吸引读者的。不过，市场上也存在一些类似的图书，你在写作时需要注意内容的独特性和创新性，以增强读者的购买意愿。

Ⓐ 你的书要想吸引读者，你需要做到以下几点：

1. 突出差异性……
2. 增加实用性……
3. 扩大传播渠道……

《×××》主要讲了……，你可以选择从和它不同的视角切入，例如……

《×××》提到了以下情绪问题的解决方案……

你可以将其作为参考，然后突出自己的独创方法，例如……

《×××》在以下平台销售……

你在销售你的书时可以参考这些渠道，并根据自己的具体情况拓展更多渠道，例如……

对立提问适用于很多场景，接下来再给大家提供一些常用案例，经过反复对比，大家就能发现用对立提问的形式训练 AI，其"脑洞"和回复的内容与采用常规提问方法时是完全不同的，其对同一个问题的视角和判断也会变得更多元化。

对立提问在更多场景下的应用案例如下。

例：新媒体写作

我在追热点，写了一篇微信公众号文章，并且就这个热点话题给出了个人观点，我想检查我的观点是否契合该热点事件的本质、能否让读者信服，于是想让 AI 来帮助审核。

Before **常规提问**	After **对立提问（对立观点模式）**
❷ 最近发生了一个事件…… 我的观点是…… 请问这段文字写得好不好？	❷ 最近发生了一个事件…… 我的观点是…… 请问我的观点有什么漏洞？批评者会提出什么样的反驳意见？我如何更好地回应这些反驳？

例：个人职业发展规划

我即将大学毕业，面对找工作和职业发展规划，感到很迷茫。我想要做一份适合自己的职业发展规划，带着目标进入职场，而不是像无头苍蝇一般。但是因为当下我的思路还不够清晰，所以想让 AI 为我提供一些建议。

常规提问

❓ ……以上是我的个人情况，请根据这些资料，帮我制作一份适合我的职业发展规划。

对立提问（反向思考模式、反问模式）

❓ 请根据我提供的资料，帮我做一份职业发展规划，重点考虑我可能会遇到的挑战和困难，并提供相应的解决方案，以便我能够更好地应对。如果凭个人能力无法应对这些挑战和困难，我应该如何提升自己？

例：两性关系维护

我和老公很爱对方，但是总会因为一些鸡毛蒜皮的事情争吵，吵架多了伤感情，我希望能找到解决方法，所以把 AI 当成情感顾问进行咨询。

常规提问

❓ ……以上是最近引发我和老公争吵的一些事件，请问我应该如何与老公保持和谐的关系，避免再发生类似的争吵？

对立提问（反向思考模式、反转思考模式、反问模式）

❓ ……以上是最近引发我和老公争吵的一些事件，这说明我们的沟通有哪些不足之处？如果你是我老公，你认为这些事件的争论点到底在哪里？如果我是过错方，我应该如何改进？

对立提问适用于任何需要进行批判性思考和分析的领域。它可以帮助我们更全面、更深入地了解某个问题或主题；还可以帮助我们打破思维定式，产生更多的想法和解决方案，这不仅能提高我们解决问题的能力，还能促进更有效的沟通和交流。

下面按照六大对立提问模式，展示几个常见的对立提问应用场景。

1. 家庭教育：让 AI 分析孩子的思考方式和行为习惯

家长想要更全面地了解孩子，更顺畅地与孩子沟通，就要了解孩子内心的真实想法，从而更好地引导孩子健康成长。家长可以用对立提问让 AI 帮助自己冷静客观地分析孩子的思考方式、行为习惯等。例如可以像下面这样问 AI。

（反面思考模式）孩子总犯同样的错误，如果不惩罚，而采用奖励的方式，会有什么不同的结果？

（反向思考模式）如果孩子放弃学钢琴，对她的成长有哪些影响？

（对比思考模式）我希望孩子更优秀，应注重其学习成绩还是注重创造力的培养？

（反转思考模式）如果我是一个不喜欢被限制的孩子，我会如何看待家长试图让我变得更加自律的努力？

（对立观点模式）我想为孩子规划好每一步，但有人认为让孩子自由发展和探索是更好的方式，你觉得这种观点的依据是什么？

（反问模式）孩子总是看电视、玩游戏，我们难道不该管吗？

2. 商业谈判：让 AI 帮助制定谈判策略

商业谈判双方都会试图争取最大利益，而谈判涉及的问题通常较复杂，双方需要深入探讨各种可能性和解决方案，同时揭示对方观点的矛盾和不一致之处，进而引导对方改变立场或做出妥协。谈判者可以通过对立提问，让 AI 帮助探索对方的底线和意图，发掘对方的弱点，从而更好地制定谈判策略。例如可以像下面这样问 AI。

（反面思考模式）如果我们不能在这次谈判中达成协议，会发生什么？有哪些风险或后果需要考虑？

（反向思考模式）如果对方没有兴趣与我们达成协议，他们会有哪些理由？我们能够采取哪些措施来解决这些问题？

（对比思考模式）我们的方案与对方的方案有哪些不同之处？我们的方案在哪些方面有优势，在哪些方面有劣势？如何权衡这些因素？

（反转思考模式）如果我们与对方交换立场，会对我们的谈判策略有何影响？我们从对方的立场出发，可以看到哪些问题或机会？

（对立观点模式）如果对方有不同的观点或需求，我们应该如何反驳或应对？有哪些有效的论据或策略可以使用？

（反问模式）这个提议对我们难道是公平的？

3. 科技创新：让 AI 提供产品创新解决方案

在科技研发和创新的过程中，经常会面临各种挑战和困难，通过对立提问，我们可以让 AI 帮助自己更深入地思考问题，更全面地了解问题，更迅速地找到创新性解决方案。

（反面思考模式）假设这项技术失败了，导致失败的因素会有哪些？有哪些方法可以避免这些因素起作用？

（反向思考模式）如果我们要用逆向工程创制一个产品，会有哪些挑战？我们需要解决哪些技术问题？

（对比思考模式）这项技术与现有技术相比有哪些优劣势？我们如何在市场上获得竞争优势？

（反转思考模式）如果我们没有任何预算，该如何开发这项技术？我们可以寻求哪些替代方案？

（对立观点模式）有人认为这项技术会对环境造成不良影响，有哪些证据支持这种观点？有哪些方法可以降低该技术对环境的影响？

（反问模式）这项技术不算是成功的吗？如何衡量这项技术对社会、环境、经济等方面的影响？

注意事项

1. 在使用对立提问时，最好能为 AI 提供足够的背景信息，以便 AI 对问题有全面的了解，从而使其生成的回答可以兼顾更多的因素和情境。

2. 可以尝试从多个角度向 AI 进行对立提问，以便 AI 能更全面、深入地探索问题的不同方面。

3. 在使用对立提问时，提问者应该准确表达观点，这有助于 AI 理解提问者的意图，给出更准确的回答。

15 归纳提问：
对信息快速分组

日常工作中，如果你错过了公司周会，但想了解一下会议主要内容，以便做本周计划，那么你准备怎么向参会的下属询问周会信息？

提问一：小王，今天的会议有什么内容？

小王听你这么问，估计会从头到尾将会议流程复述一遍：首先，市场部的李经理说……；然后，销售部的刘主管又说……；最后，研发部的王主任说……

提问二：小王，今天的会议上，市场部、销售部、研发部汇报的本周工作重点分别是什么？月底大型活动的方案大家最终选了哪个版本？我们部门这边有没有新增的需要跟进的事项？

如果这么问，小王就会根据你的问题自动将繁杂的会议内容进行分类归纳，告诉你你想知道的东西，让你更清晰地接收到有效信息。

显然，在这个场景里，提问二有效地引导对方将内容多、密度大的信息进行归纳，筛除无效信息，整理出有效信息，并且根据提问者的个性化需求进一步分类提取，所以提问者得到的答案会更清晰、准确、简洁，双方的沟通更顺畅、高效。

这个场景里的小王就相当于 AI，作为提问者，如能掌握归纳提问的技巧，便能够获得想要的答案。

归纳提问与前文已经介绍过的摘要提问有什么不同呢？两者的对比如下。

归纳提问	摘要提问
归纳提问要求回答者从一些相关的事实中找出它们之间的共性和规律，然后总结出一个结论，产生一些新的认知	摘要提问要求回答者从较长的文章或文本中提炼出最重要的信息，是在原有信息中进行提取和概括
归纳提问通常涉及分类、归纳和概括等思维过程	摘要提问需要回答者具备对信息的筛选和总结能力
归纳提问更多地应用于逻辑推理、思维训练等领域	摘要提问通常应用于文本摘要、信息检索等任务

两者举例如下。

归纳提问	摘要提问
你从经历中总结出了什么经验教训吗	这篇文章主要说了哪几个方向的内容

下面继续介绍归纳提问。

什么样的归纳提问指令是好指令？请试着对比分析以下两组提问。

Before

常规提问

❓ 你认为这个方案行得通吗？

After

归纳提问

❓ 在你看来，这个方案的优势和劣势有哪些？请分析一下该方案的可行性并做相关的风险评估。

常规提问

❓ 这份调研报告的主要内容是什么？

归纳提问

❓ 这份调研报告讨论了哪些主题？统计了哪些行业的相关数据？指出了哪些关键问题？提到了哪些建议或决策？是否有实施计划？

显而易见，好的归纳提问指令通常目标明确，针对性强，结构清晰，并且充分考虑个人背景和需求。

常用的归纳提问关键词、短语如下。

（1）表示总结：总共、归纳、总结、概括、综合、简述、总体、总体来说、总的来说、大体上、大致上等。

（2）表示分类：分为、分类、种类、类别、属于哪一类、哪些是、哪些属于等。

（3）表示比较：相同、相似、相对、比较、对比、比照、相对而言、比如、与……相比、和……相比等。

（4）表示举例：例如、比如、举个例子、举例来说、以……为例、如、如下等。

（5）展示细节：具体、细节、详细、具体来说、详细说明、详细阐述等。

以下是归纳提问在不同场景下的应用案例。（仅展示 AI 回答的部分内容。）

例：销售情况分析

假设你已经发给 AI 这样一份销售报告：

2021 年，A 品牌、B 品牌、C 品牌、D 品牌的营业收入分别为

105.4 亿元、36.06 亿元、149.12 亿元、8.47 亿元，同比变化率分别为 −6.09%、−1.48%、13.05%、20.83%。

Before

常规提问

After

归纳提问

❓ 请归纳 A 品牌、B 品牌、C 品牌、D 品牌的营收状况并做对比分析。

❓ 请将 A 品牌、B 品牌、C 品牌、D 品牌的营收状况做成销售报表，表中含品牌名称、年份、营业收入、同比变化率、销售情况分析等项，最后针对销售情况做出总结。

🅰️ A 品牌：……

B 品牌：……

C 品牌：……

D 品牌：……

通过对比分析发现，C 品牌和 D 品牌……，A 品牌和 B 品牌……

🅰️

品牌名称	年份	营业收入（亿元）	同比变化率（%）	销售情况分析
A 品牌	2021	105.4	−6.09	营业收入下降，可能需要进一步分析原因并采取措施进行调整。
B 品牌	2021	36.06	−1.48	营业收入下降，同比变化较小，可能需要关注市场竞争和产品销售情况。
C 品牌	2021	149.12	13.05	营业收入增长，同比变化较大，可能受益于市场需求增加或市场份额扩大。
D 品牌	2021	8.47	20.83	营业收入大幅增长，同比变化较大，可能需要关注产品销售和市场表现情况。

从表格中可以看出……

例：舆情监控

Before

常规提问

After

归纳提问

❓ AI 写作这个话题是不是很火？

❓ AI 写作这个话题在哪些社交平台引起了讨论？支持者和反对者的观点分别是什么？哪些人群更倾向于关注和讨论这个话题？

AI AI 写作是当前非常热门的一个话题。随着 AI 技术的快速发展，越来越多的公司和组织开始使用 AI 写作技术生成各种类型的文本。AI 写作的应用范围越来越广泛……当然，AI 写作也引起了一些争议……

AI AI 写作在包括 ××、×× 等在内的社交平台上引起了热烈讨论。

支持 AI 写作的观点如下：

1.……

2.……

3.……

反对 AI 写作的观点如下：

1.……

2.……

3.……

最关注这个话题的群体有：写作者、编辑出版人员、科技爱好者、AI 技术研发人员和数字营销人员……

例：知识复盘

使用归纳提问，可使 AI 对知识点进行总结和梳理，还能将这些知识点与其他已知的知识点相连，从而便于我们记忆和理解。

Before

常规提问

? 为什么很多人写文章都想模仿欧·亨利的短篇小说？

After

归纳提问

? 欧·亨利的短篇小说有哪些特点？我们在新媒体写作中应该如何借鉴和应用？

例：活动效果分析

为 AI 提供活动信息和数据，并用归纳提问来引导 AI 进行活动效果分析，AI 会根据素材进行梳理概括，在其回复中，活动亮点和需要改进的地方一目了然。

例如，在下面的活动结束后，我们可以借助归纳提问来引导 AI 分析活动效果。

活动主题：劳动节特惠促销活动。

促销产品：精选商品 8 款，包括家居、家电、数码等品类。

优惠力度：九折优惠，赠送购物券，满 300 元减 30 元、满 500 元减 50 元。

宣传方式：店内海报、户外广告牌、微信朋友圈、手机短信等多渠道宣传。

活动效果：共吸引顾客 5000 人次，销售额达 30 万元，用户满意度较高。

Before	**常规提问**	After	**归纳提问**
	❓这次营销活动效果好不好？		❓这次营销活动有哪些亮点？有哪些需要改进的地方？

拓展应用

归纳提问能帮助提问者快速梳理信息、揭示规律、提高效率、促进创新。通过分类整理信息，提问者更易理解信息的内在结构和关系，发现规律和关键点，从而节省时间和精力，提高效率。同时，归纳提问也能让提问者在信息中发现新的问题和机会，促进创新和创造力的发挥。

以下是归纳提问的几个常见的应用场景。

1. 学术研究：让 AI 整理学术文献

在使用 AI 进行学术研究的过程中，用户使用归纳提问，可以更好地了解研究主题和现有研究进展，更快地整理、归纳文献资料，从而设计出更优秀的研究方法和方案，改进研究效果和成果。

（1）文献综述：进行文献综述时，用户可以通过归纳提问，让 AI 帮助自己思考、整理和分析相关文献。

> ❓ 请根据我提供的文献资料，告诉我：这些文献属于哪些研究领域？它们研究的主要问题是什么？有哪些重要的研究方法或技术？哪些文献是最相关的？这些文献有哪些共同点？有哪些理论框架可以用来解释这些文献？

（2）研究设计：在对研究进行设计时，使用归纳提问可以引导 AI 帮助用户明确研究目的和研究主题。

> ❓ 根据我的研究主题和大纲，请解析：我的研究目的是什么？我需要回答哪些具体研究主题？这些主题与已有研究有什么不同？

（3）数据分析：分析数据时，使用归纳提问可以引导 AI 帮助用户厘清分析的步骤和逻辑。

> ❓ 我的研究主题是 ×××，现在请分析以上数据，告诉我：我可以使用哪些分析方法？分析结果如何用于回答研究问题？分析结果有哪些不确定性和局限性？

（4）论文写作：在写论文时，使用归纳提问可以引导 AI 帮助用户整理论文的结构和内容。

> ❓ 请根据我的研究报告素材生成一份研究报告大纲，并告诉我：每个章节需要包括哪些内容？每个段落需要回答什么问题？如何组织论文的逻辑和结构？

2. 教育教学：让 AI 辅助教学

在使用 AI 进行教育教学活动的过程中，用户使用归纳提问，可以更清晰地了解学生的学习情况，制订更好的教学计划和方法，改进教学效果，评估教学成果。

（1）了解学生的学习情况：用户可向 AI 提供学生的作业、考试数据或课堂反馈信息，使用归纳提问让 AI 分析、归纳学生对课程知识的掌握程度和可能存在的疑点、难点。

> ❓ 请根据我提供的学生的学习资料，分析：学生对本节课程的学习情况如何？学生对哪些知识点掌握得比较好或比较差？学生在本节课中主要遇到的困难是什么？我应该如何帮助他们解决困难？

（2）制订更好的教学计划和方法：使用归纳提问可让 AI 协助用户制订更好的教学计划和方法，以更好地满足学生的学习需求，提高教学效果。

❓ 请根据学生的课堂反馈信息，告诉我：在本节课的授课过程中有哪些内容需要更详细的解释和指导？有哪些教学方法或策略可以更好地帮助学生理解所学内容？请帮我设计具有针对性的教学内容和教学活动。

3. 艺术领域：让 AI 成为艺术顾问

在使用 AI 进行艺术创作的过程中，艺术家、策展人等使用归纳提问，可以更方便地从复杂的视觉和审美世界中提炼出共性和规律，从而进行更深入的创造。

（1）策展人使用归纳提问，可以让 AI 协助自己设计展览主题和展示方式。

❓ 我要做一场关于自然元素的展览，请告诉我：有哪些艺术家在他们的作品中使用了自然元素？这些作品有哪些共同点？艺术家们如何呈现自然主题？帮我制作一份展览方案。

（2）艺术家使用归纳提问，可以让 AI 帮助自己梳理相关作品的风格和表现方式。

❓ 以上是我最喜欢的艺术作品，请帮我分析：这些作品都有哪些特点？有哪些艺术家曾创作过相似的作品？这些作品使用了哪些概念和元素？作品展现了作者什么样的情感和情绪？

（3）视觉设计师使用归纳提问，可以让 AI 帮忙设计品牌标识和广告。

> ❓ 请根据 A 品牌、B 品牌、C 品牌的 logo 归纳：这些品牌的 logo 有哪些共性？它们使用了哪些颜色和线条？这些 logo 分别是如何诠释品牌形象的？请参考这些信息，帮我设计一个家庭教育品牌的 logo。

注意事项

1. 使用归纳提问前，提问者需要预先向 AI 提供相关资料或数据，否则可能无法得到想要的结果和准确的分析。不要让 AI 为你生成背景资料和数据，这样可能导致 AI 回答错误甚至编造内容。

2. 因为信息与数据的内容通常比较多，所以归纳提问的指令越详细，得到的答案越精确。

3. 归纳提问的适用领域很广，在专业领域的利用率很高，提问者只有掌握专业领域的相关术语和概念，才能让 AI 生成专业的回答。

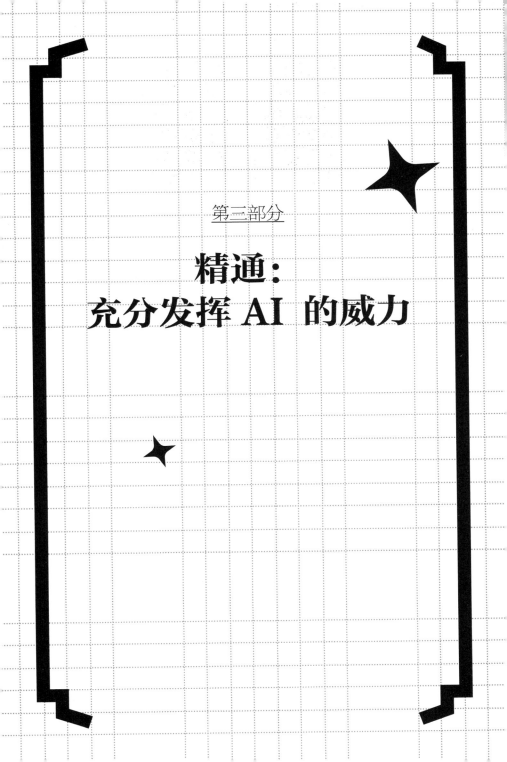

第三部分

精通：
充分发挥 AI 的威力

16 循环提问：
让 AI 自己进化升级

对 AI 的回答不满意怎么办？是直接放弃，还是换一个问题接着问？

用 AI 寻找更好答案的一种方式是让 AI 自己进化，即在其所提供的答案的基础上不断追问和优化问题，直到得到满意的结果，这种提问方法叫作循环提问。

循环提问是一种通过反馈结果，不断改进 AI 的答案的提问方法，目的是得到更优的解决方案或满足提问者更高的要求。

假设要让 AI 写一首诗，可按照以下步骤进行循环提问。

❓ 请你写一首诗，主题是春天。

🅰 春风吹绿了山川， 百花争艳绽笑颜。 莺歌燕舞迎新岁， 人间最美四月天。

❓ 请你给出一个更好的方案，要求比这首诗更有创意和感情，并且解释为什么更有创意和感情。

🅰 春色满园花如锦， 蜜蜂采蜜忙不停。 我愿化作一枝柳， 与君共舞在风中。

这首诗比前一首诗更有创意和感情，因为它用了想象的手法，把自己想象成一枝柳，与心爱的人在春风中舞动，表达了对春天和爱情的向往。

❓ 请你给出一个更好的方案，要求比前两首诗更深刻、更有哲理，并且解释为什么更深刻、更有哲理。

🅰️ 春光无限好，难与白云比。人生如春梦，醒来何处寻。

这首诗比前两首诗更深刻、更有哲理，因为它用了对比的手法，把春天的美好和人生的虚幻进行对照，表达了对生命和时间流逝的感慨和无奈。

❓ 请你给出一个更好的方案，要求比前三首诗更符合现代人的审美和情感，并且解释为什么更符合现代人的审美和情感。

🅰️ 春天不是读书天，阳光和风都太甜。我只想把手机关，跟你去看海看山。

这首诗比前三首诗更符合现代人的审美和情感，因为它更口语化和幽默，把春天的美好和读书的压力进行对照，表达了对自由和浪漫的渴望。

针对 AI 每一次给出的答案，用户都可以再次循环提问并观察结果。

用户可以根据自己的满意程度，决定是继续循环提问还是结束提问。以上就是一个使用循环提问的案例。

由此可以得出使用循环提问的步骤如下。

①向 AI 提问，要求 AI 给出一个答案。

②观察结果。

③对 AI 进行循环提问："你刚才给出的方案的结果是……，下面请你给出一个更好的方案，并且解释新方案为什么更好。"

④重复第 2 步和第 3 步，直到得到满意的结果或无法继续改进为止。

以下是循环提问在不同场景下的应用案例。

例：让 AI 设计一个品牌 logo

 请给我设计一个咖啡店的 logo，要求简洁、有吸引力。

 你刚才给出的 logo 虽然简洁、有吸引力，但是有点普通、无特色。下面请你给出一个更好的 logo，要求比前一个 logo 更有创意和个性，并且解释为什么新作更有创意和个性。

这个 logo 比之前的更有创意和个性，因为它使用了咖啡豆的形状拼出了一个字母 C，代表咖啡（coffee）。它还使用了不同的颜色来表现咖啡的香气和温度。这个 logo 既有创意又有吸引力，能让人一眼就看出它是关于咖啡的。

你刚才给出的 logo 比较有创意，下面请你给出一个更好的 logo，要求比前一个 logo 在颜色上更丰富一些。

这个 logo 比之前的作品更好，因为它使用了多种颜色来表现咖啡的多样性和不同风味。它还使用了一个半圆形的边框来包围咖啡杯，这代表咖啡是一种全球化的饮品。这个 logo 既有活力又有品位，能让人感受到咖啡的魅力。

例：让 AI 辅助做决策

请你给我一些关于是否应该辞职的建议，要求有理有据。

给你一些关于是否应该辞职的建议是不容易的，因为这取决于你的个人情况和目标。不过，我可以根据网上的信息，提出一些步骤和问题供你参考。

1. 问一下自己当前的工作是否能够满足自己的需求和期望，比如工作内容、工作环境、工作收入、未来发展等。如果你对这些方面都不满意，那么可能是时候考虑换一份工作了。

2. 问一下自己是否已经尝试过改善自己的工作状况，比如和你的老板或同事沟通、寻求更多学习和成长的机会、调整你的工作方式和态度等。如果你已经做了这些努力，但是没有得到有效的结果，那么可能是时候考虑换一份工作了。

3. 问一下自己是否已经有了一个有关下一步的清晰计划……

❓ 你刚才给出的建议虽有一定的理由和依据，但是也有点片面和保守。下面请你给出一些更好的建议，要求比上面的建议更全面、更开放，并且解释为什么新建议更全面、更开放。

🅰️ 除了上面提到的步骤和问题，你还可以考虑以下几个方面。

1. 问一下自己是否有足够的信息和数据来支持自己的决定，比如你是否了解市场的需求和趋势，你是否调查过其他的工作机会和竞争对手，你是否评估过自己的优势和劣势。如果你没有足够的信息和数据，那么可能不必考虑换一份工作。

2. 问一下自己是否有足够的支持和……

（更多内容，略）

这个建议比之前的建议更全面、更开放，因为它涵盖了更多的角度和因素，让你能够从多个维度来评估自己的决定。它也鼓励你去探索更多的可能性和潜力，让你能够找到更适合自己的工作。

　　循环提问不仅可以运用在不同的创作领域，还可以运用在技能学习和相关问题的研究方面。只要有足够的耐心，你就会获得理想的答案。

1. 教学培训：教学内容优化

　　在教学培训中，老师可以利用循环提问来引导 AI 帮助自己不断优化教学内容，从而促使学生更好地掌握新知识。

> ❓ 什么是三角函数？

> 🅰️ 三角函数是一组在三角形和圆形的研究中起着重要作用的函数，它们通常用 sin、cos、tan 和 cot 等表示，用来描述三角形中的角度和边长之间的关系。

> ❓ 你刚才给出的定义有点难懂，下面请你给出一个更好的定义，要求更容易理解。

> 🅰️ 三角函数是一组在三角形和圆形的研究中起着重要作用的函数，它们用来描述三角形中角度和边长之间的关系。
> 　　具体来说，正弦函数 sinθ 描述了一个角的对边与斜边的比值，余弦函数 cosθ 描述了一个角的邻边与斜边的比值，正切函数 tanθ 描述了一个角的对边与邻边的比值，余切函数 cotθ 描述了一个角的邻边与对边的比值。

❓ 请在此基础上给出一个更好的定义，要有具体使用案例。

🅐 （更多内容，略）

2. 冲突解决：让 AI 协助解决家族教育问题

用户可以通过循环提问，让 AI 提供解决亲子、情侣之间问题的具体方案。

❓ 我和我的孩子经常发生冲突，我该怎么办？

🅐 你可以尝试和你的孩子建立良好的亲子关系，表达你对他的爱和关心，同时尊重他的想法和感受。

❓ 下面请你给出一个更具体的方案，要求实用性比前面的更强。

🅐 你可以定期和你的孩子进行一些有趣的活动，比如玩游戏、看动画、做手工等，以增加你们的互动。这样可以让你们有更多共同的话题和经历，减少对立和相互抵触，增加彼此的信任和支持。

（更多内容，略）

注意事项

1. 逐步深入：在循环提问过程中，要逐步深入描述问题的细节，使 AI 能够更好地理解提问者的需求并提供更贴切的答案。

2. 判断答案质量：在每轮循环提问中，认真评估 AI 给出的答案，判断其是否满足自己的需求。如果对答案不满意，可以尝试重新提问或调整问题以获得更好的答案。

3. 保持耐心：AI 可能需要一定时间来理解问题和提供满意的答案，在循环提问过程中，用户要保持耐心，不要急于求成。

4. 适时结束：在某些情况下，AI 可能无法提供完美的答案，这时需要判断何时结束循环提问。须知，尽管 AI 已经非常强大，但它仍然有局限性，无法解决所有问题。

17 迭代式提问：
让答案越来越对你的口味

如果你是一名客服，当客户反映你们公司的产品无法连接到网络，导致没办法使用时，你会如何与客户沟通呢？

提问一：请问是不是您的网络连接有问题？

客户听你这么问，要么会觉得你的态度很敷衍，要么可能会回答"是的"或"不知道"，但依旧无法提供足够的用于解决问题的信息。

提问二：

客服：很抱歉给您带来不便，为了更好地帮助您，我有几个问题需要您回答。首先，请问您是否已经检查过网络连接是否正常，以及路由器是否正常工作？

客户：是的，我已经检查过网络连接，路由器也正常工作。

客服：好的，谢谢您的反馈。请问您能告诉我具体的错误提示或者故障现象吗？

客户：当我尝试连接到 Wi-Fi 时，产品显示连接失败，并且没有任何其他错误提示。

客服：明白了，感谢您提供信息。请问您是否尝试重启产品或者尝试用其他设备连接同一网络？

客户：是的，我已经尝试过重启产品，并且用其他设备可以正常连接到同一网络。

客服：好的，感谢您提供信息。根据您的描述，我可以初步判断问题可能出在产品的设置或者固件方面。为了更准确地帮助您解决问题，我将为您转接我们的技术支持团队，他们将为您提供进一步的指导和解决方案。

客户：好的，谢谢。

提问二中，客服通过不断反馈、调整和优化，逐步了解客户的问题，并引导客户提供更详细的信息，以便提供有效的解决方案，其中客服使用的提问方法就是迭代式提问。

迭代式提问作为一种提问策略，就像我们在玩游戏时通过不断试错、反馈、调整来提高自己的技能一样。在这个过程中，提问者会尝试不同的方法和选择，通过得到的反馈信息来优化自己的决策和行动，以达到预期的目标。这种提问策略适用于那些没有确定答案的问题。

在上面的场景里，客户就相当于 AI，客服就是提问者，提问者使用迭代式提问，就能让答案不断优化，越来越符合预期。

那么，什么样的指令是好的迭代式提问指令？请试着对比分析以下两种提问方式。

Before **常规提问**	After **迭代式提问**
❓ 我下周一要去西双版纳旅游，共计五天，预算 1 万元，请帮我制订一份旅游方案。	❓ 我下周一要去西双版纳旅游，共计五天，预算 1 万元，请给我推荐三种旅游方案。 🅐（AI 的回答，略） ❓ 请从性价比、游览景点数量、舒适程度、省心程度、路线几个方面对比你提供

的三种旅游方案，评估每份方案的优缺点，并给出改进意见。

AI （AI 的回答，略）

? 根据你的评估，我更喜欢第 1 种旅游方案，但是我想把第 2 种旅游方案中的酒店和网红餐厅添加到第 1 种旅游方案中，请根据我的要求重新生成一份旅游方案。

AI （AI 的回答，略）

通过对比可以发现，好的迭代式提问指令通常具体明确、可行性强、可量身定制、具备可优化性。

通过使用迭代式提问，我们能不断得到 AI 的回答，根据 AI 的回答我们做出判断或选择后，继续向 AI 提问。

以下是迭代式提问在不同场景下的应用案例。（仅展示 AI 回答的部分内容。）

例：客户服务

常规提问

> ❓ 一位客户购买的产品出现故障，我身为一名客服，要怎么回复他？
>
> ❰AI❱ 你可以先询问客户具体遇到了什么问题，再根据客户提供的信息进行诊断，最后提供解决方案。

迭代式提问

> ❓ 一位客户购买的产品出现故障，他很着急，现在没办法描述清楚具体问题，我应该怎样安抚他，引导他回答我的问题？
>
> ❰AI❱ **1.** 你先这样安抚客户：……
>
> **2.** 询问客户产品哪里有问题：是部件损坏、无法启动还是存在其他故障？
>
> **3.** 再次确认问题和信息："如果我没听错的话，您的问题是这样的……是吗？"

> ❓ 客户已经明确描述了故障，我要如何逐步引导他找到产品发生故障的原因？
>
> ❰AI❱ **1.** ……
>
> **2.** ……
>
> **3.** ……

❓ 现在已经找到了产品发生故障的原因，我为他提供了三种解决方案，请优化这份草稿，要求用 100 字左右，将方案清晰、明确地传达给客户。（解决方案，略）

🅰 非常抱歉听到您反馈所遇到的产品故障问题。基于您提供的信息，我们可以提供以下三种解决方案：……

例：作品解读

常规提问

❓ 杜甫的《登高》这首诗是如何表达情感的？

🅰 杜甫的《登高》一诗通过描绘登高过程中景色，渲染悲凉气氛，表达……

迭代式提问

❓ 杜甫的《登高》这首诗表达的情感是什么？

🅰 杜甫的《登高》这首诗通过对萧瑟荒凉景色的描写，体现了诗人内心的悲苦和郁闷……

❓ 作者为什么会产生这种情感？

AI 可能有以下几个方面的原因：

景色所引发的情感……

思乡之情……

抑郁不得志之苦……

? 这种情感在诗歌中是如何表达的？

AI 诗歌开篇即以"风急天高猿啸哀，渚清沙白鸟飞回"形象地描绘了秋季景色，表现出……；接着通过"无边落木萧萧下，不尽长江滚滚来"的描述，表现出……；再以"万里悲秋常作客，百年多病独登台"的自述，表现出……

? 你能找到表达同样情感的其他诗歌吗？

许多古代诗人都有表达类似情感的作品，例如：……

例：制订工作计划

常规提问

? 我今天的工作任务有三项：

1. ……

2. ……

3. ……

请帮我制订一份工作计划。

🅰 您今天的工作任务有三项，分别是：

　　1. ⋯⋯

　　2. ⋯⋯

　　3. ⋯⋯

您可以按照以下步骤制订今日的工作计划：

1. 列任务清单；

2. 确定完成每个任务所需的时间；

3. 将任务划分优先级；

4. 为每个任务设定目标和标准。

迭代式提问

❓ 我今天的工作任务有三项：

　　1. ⋯⋯

　　2. ⋯⋯

　　3. ⋯⋯

我想制订一份工作计划，应该从哪些方面着手？

🅰 **1.** 任务的重要程度和优先级；

2. 时间和资源的限制；

3. 任务的复杂程度和难度；

4. 任务之间的依赖关系；

5. 目标和完成标准；

6. 优化工作流程。

❓ 请按照任务的重要程度、优先级、预计花费时间和完成标准这几项，帮我生成一份工作计划，以表格呈现。

任务	重要程度	优先级	预计花费时间	完成标准
任务 1	高	1	2 小时	任务完成，并按要求提交
任务 2	中	2	1 小时	任务完成，并按要求提交
任务 3	低	3	0.5 小时	任务完成，并按要求提交

❓ 请在这个表格的基础上加入项目进度和复盘板块，生成一张新的工作计划表。

任务	重要程度	优先级	预计花费时间	完成标准	项目进度	复盘
任务 1	高	1	2 小时	任务完成，并按要求提交	50%	完成任务时遇到的问题和解决方案
任务 2	中	2	1 小时	任务完成，并按要求提交	100%	完成任务时遇到的问题和解决方案
任务 3	低	3	0.5 小时	任务完成，并按要求提交	100%	完成任务时遇到的问题和解决方案

更多迭代式提问的应用案例如下。

例：新闻资讯撰写

Before

常规提问

❓ 帮我写一篇 200 字的新闻资讯，主题是"将 AI 技术应用于写作"。

After

迭代式提问

❓ 我想写一篇新闻资讯，主题是"将 AI 技术应用于写作"，请帮我生成一个写作提纲。

🅰 （AI 的回答，略）

❓ 请根据我提供的写作目标和具体要求修改提纲，生成一个新的写作提纲。

AI （AI 的回答，略）

❓ 请根据我提供的具体素材和案例，结合以上提纲，生成一篇 500 字的新闻资讯初稿。

AI （AI 的回答，略）

❓ 请将新闻资讯初稿中 ×× 部分的观点删除，在 ×× 部分增加专家的观点，重新生成一篇 500 字的新闻资讯稿件。

AI （AI 的回答，略）

请用《×× 日报》的风格优化这份稿件，检查错字和病句，重新生成 500 字的新闻资讯。

AI （AI 的回答，略）

例：产品设计

常规提问

迭代式提问

❓ 我要为 5 岁的小孩设计一款电子手表，请为我提供一个设计方案。

❓ 我要设计一款新型的儿童电子手表，对于 5 岁儿童来说，电子手表最重要的功能应该包括哪些方面？

🅐 （AI 的回答，略）

❓ 定位与即时通信是保障 5 岁儿童人身安全的重要功能，从家长的角度来看，这两个功能应该具备哪些特点，才能使产品有更全面、更贴心的使用体验？

🅐 （AI 的回答，略）

❓ 外观设计和娱乐功能对 5 岁儿童来说有吸引力，但是家长对此的关注度不高，本款电子手表的主要消费群体是家长，使用群体是 5 岁儿童，如何设计外观和娱乐功能，才能平衡双方的需求？

Ⓐ（AI 的回答，略）

❓ 请根据以上讨论的侧重点，生成一个针对 5 岁儿童的电子手表的产品设计方案。

Ⓐ（AI 的回答，略）

拓展应用

使用迭代式提问的基本思路是不断地提出问题，根据 AI 的回答优化问题。这种方法可应用于以下场景。

1. 电商领域：商家利用 AI 优化推荐算法

通过迭代式提问，AI 可以根据用户的历史购买行为和偏好，帮助电商平台分析、优化推荐算法，提高用户购买转化率和留存率，同时也可以提高平台整体收益。

例如：

某在线电商平台希望提高用户购买转化率和留存率，并且增加整体收益，就可以利用迭代式提问让 AI 帮忙分析用户的历史购买数据，以改进其个性化推荐算法。

❓ 如何利用老用户的历史购买数据和浏览数据，改进推荐算法以提高推荐精度？

❓ 如何针对新用户提供个性化的推荐，提高其购买转化率和留存率？

❓ 如何优化推荐算法，提高新、老用户购买转化率和留存率？

❓ 如何根据用户行为数据调整推荐算法，以适应所有用户购买行为的变化？

❓ 如何平衡推荐算法的精度和效率，提高平台整体收益率？

2. 游戏开发：利用 AI 优化游戏

在游戏开发过程中，开发人员可以告知 AI 玩家的喜好和习惯等信息，通过迭代式提问，让 AI 分析游戏的体验感、难度、趣味性等，为游戏的进一步升级提供更加精准的方向指导，从而不断优化游戏，提高玩家满意度。

例如：

❓ 根据我提供的玩家数据和资料，请告诉我，如何让玩家在游戏中体验到更加流畅的操作？

❓ 根据我提供的玩家数据和资料，请告诉我，如何让游戏更

加公平，避免出现不平衡的游戏机制和不合理的道具
搭配？

❷ 根据我提供的玩家数据和资料，请告诉我，如何增强玩
家的成就感，使他们愿意投入更多时间和精力来提高游
戏技能？

注意事项

1. 使用迭代式提问，提问者需要不断及时地给予 AI 明确的反馈，这样
才能让 AI 更精准地了解提问者的需求，从而持续优化答案。

2. 尽量提供与问题相关的信息，以便 AI 理解问题的背景、约束条件和
相关因素，从而提高答案的相关性和适用性。

3. 迭代式提问注重迭代和逐步改进，提问者可以对 AI 生成的答案进行
思考和调整，进一步优化提问策略，调整问题的内容，这样就可以
逐渐接近最佳答案。

18 进阶式提问：
循序渐进地处理复杂信息

假设你是一名销售经理，想要提高团队的销售业绩，那么你会如何通过提问引导团队成员制订更好的方案？

提问一

销售经理：小李，你准备怎么提升销售业绩？

小李听你这么问，要么很茫然，不知道怎么回答；要么长篇大论，但是很多是无效的建议。

提问二

销售经理：小李，你现在的销售业绩是多少？

小李：（回答，略）

销售经理：小李，你觉得这个月没有达到预期目标的原因是什么？

小李：（回答，略）

销售经理：小李，你觉得应该如何改变自己的销售策略？是否需要改变目标客户群？需要增加营销投入吗？

小李：（回答，略）

在这个场景里，提问二就是典型的进阶式提问，这种提问方法使小李的思路越来越清晰，并逐渐找到有效的解决方案以提高销售业绩。

进阶式提问有利于提问者和 AI 更好地沟通和交流，使 AI 循序渐进地处理复杂信息，从而高效解决难题。

什么样的指令是好的进阶式提问指令？请试着对比分析以下提问。（省略了 AI 回答的部分。）

Before **常规提问**	After **进阶式提问**
❓ 你这次旅行怎么样？	❓ 你去哪里旅行了？
	❓ 你去的那个地方有什么好玩的和好吃的？
	❓ 那个地方有没有什么特别的风景或者建筑？你有没有遇到什么有趣的人和事儿？
	❓ 这次旅行让你有哪些感悟？

对比可见，好的进阶式提问指令通常导向明确，聚焦于问题的核心；由简单到复杂、由表面到深层；具有一定的开放性，能够促使回答者从更多角度思考问题。

进阶式提问可以按照 1 级提问、2 级提问、3 级提问、4 级提问等级别进行结构化呈现。

需要重点强调的是，由于进阶式提问是逐步深入的，问题的难度和深度会不断增加，因此提问者需要具有相关的知识储备，否则就无法得到更加详细和准确的答案。

以下是进阶式提问在不同场景下的应用案例。（仅展示 AI 回答的部分内容。）

例：写小说

常规提问

> **❓** 我想写一篇悬疑小说，应该怎么写？
>
> **🅐** 确定故事情节和角色……
>
> 创造紧张感和悬念……
>
> 保持逻辑性和真实感……
>
> 利用细节刻画人物……
>
> 留下伏笔和反转空间……

进阶式提问

> **❓**（1级提问）创作一篇悬疑小说要做哪些准备？
>
> **🅐** 确定故事情节……塑造角色……掌握节奏……描述环境……留下伏笔……
>
> ---
>
> **❓**（2级提问）如何塑造嫌疑人物？

❓ **AI** 刻画人物形象······制造动机······制造证据······制造误导性线索······描述嫌疑人物的行为和心理······

❓ （3 级提问）如何创造紧张和悬疑氛围？

AI 设定一个引人入胜的开篇······通过场景、人物刻画和对话来传递信息······隐藏关键信息······利用第一人称叙述、多人称叙述、交叉叙述等不同的叙述手法······

❓ （4 级提问）如何逐步揭示让读者意想不到的真相？

AI 留下伏笔······利用对比······利用反转······利用悬念······

例：市场调研

常规提问

❓ 我想了解当下的手机市场情况。

AI 5G 手机越来越普及······

智能化趋势明显······

外观设计越来越受重视······

智能手机市场竞争激烈······

二手市场日益火爆······

进阶式提问

? （1级提问）市场上主要有哪些手机品牌？

....

AI A品牌、B品牌、C品牌、D品牌、E品牌。

? （2级提问）这些品牌的市场占有率排名如何？

....

AI 这些品牌的市场占有率排名从高到低依次是A品牌、B品牌、C品牌、D品牌、E品牌。

? （3级提问）为什么这些品牌在市场上如此成功？

....

AI A品牌、B品牌在研发和创新方面投入巨大，C品牌、D品牌在价格和性价比方面占优，E品牌则注重营销和渠道建设。

更多进阶式提问的应用案例如下。（省略了AI回答的部分。）

例：应聘评估

Before

常规提问

? 根据我提供的信息，评估我是否符合这家公司的招聘要求。

After

进阶式提问

? 对比我的简历和这家公司的招聘广告，评估我能否胜任这个岗位。

? 要想应聘这个岗位，我的优势是什么？劣势是什么？

❓ 我的工作经历中有哪些经验是超出这个岗位要求的？这些经验可以为这个岗位的工作带来哪些价值？我要如何优化简历？

——————

❓ 想要成功应聘这个岗位，我应该如何增强我的短板？请给出具体措施。

例：│ 阅读学术文献

Before **常规提问**

❓ 这篇学术文献的主要内容是什么？关于这个主题有哪些前沿的研究成果和观点？

After **进阶式提问**

❓ 这篇学术文献的主题是什么？主要研究内容是什么？研究成果是什么？

——————

❓ 这篇学术文献贡献了哪些前沿观点？

——————

❓ 这篇学术文献中提到的观点对我的学术论文写作有哪些帮助？

例：英语学习

<table>
<tr><td rowspan="2">Before</td><td>**常规提问**</td><td rowspan="2">After</td><td>**进阶式提问**</td></tr>
<tr><td>❓ 怎样学好英语口语？</td><td>❓ 如何提高英语口语的流畅度和发音准确性？

❓ 如何有效增加自己的英语词汇量？

❓ 如何克服英语口语中的发音难点，减少语法错误？</td></tr>
</table>

拓展应用

进阶式提问能够在原有问题的基础上深入挖掘，使我们的认知更加具体、深刻，帮助我们更好地理解问题，并找到解决问题的方法。

1. 健身指导：借助 AI 制订科学的健身计划

通过进阶式提问，健身者可以让 AI 帮忙分析个人身体状况和需求，制订更详细、更个性化的健身计划。

例如：先向 AI 提供健身者的年龄、体重、病史、饮食习惯、闲暇时间等信息，然后使用进阶式提问与 AI 对话。（省略了 AI 回答的部分。）

❓ （1级提问）请根据我的身体状况和健身目标告诉我，如果想增强心肺功能，有哪些有氧训练可以选择？

❓ （2级提问）请根据我的身体状况和健身目标，帮我制订一份适合我的有氧训练计划。

❓ （3级提问）请根据我的身体状况和健身目标，帮我分析一下应该如何结合有氧和无氧训练来提高整体体能和耐力水平。

2. 金融风险评估：借助 AI 做风险评估

通过进阶式提问，我们可以让 AI 帮忙做风险评估，在依次深入了解风险的类型、影响、发生可能性、控制措施等之后，逐步完善风险评估的细节。同时，AI 还能帮助我们思考更多可能性和情景，从而让我们更好地应对未知风险和变数。

> 需要提醒的是，AI 技术及应用并非完美，而投资是一种收益与风险并存的事，须格外谨慎，故 AI 给出的评估结果仅能作为参考。

例如：想买某只股票，可以通过进阶式提问，让 AI 帮忙进行风险评估。

❓（1级提问）这只股票的历史表现如何？公司的财务状况如何？行业前景如何？

❓（2级提问）如果该股票行情出现异常波动，应该如何操作？

❓（3级提问）基于历史数据和市场情况，该如何评估股票的风险水平？

3. 产品研发：让 AI 生成产品设计方案

通过进阶式提问，产品团队可以借助 AI 更好地了解用户需求和行为，进而引导 AI 生成更优秀的产品设计方案。

例如：某款新产品的开发正处于用户体验阶段，产品经理将收集到的用户反馈意见和数据告知 AI，通过进阶式提问让 AI 分析、评估产品，并给出产品优化建议。

❓（1级提问）这款产品的主要功能是什么？

❓（2级提问）对用户来说最重要的功能是什么？

❓（3级提问）用户的哪些需求和痛点可以通过这款产品得到解决？

❓ （4级提问）用户有哪些需求是目前还没有得到满足的？

❓ （5级提问）如何通过进一步优化产品来增强用户黏性和提高用户留存率？

注意事项

1. 明确目标：在开始进行进阶式提问之前，确保自己清楚目标和所需的信息。明确问题的核心和关注点，才能在进阶式提问过程中始终聚焦于主题。

2. 层次分明：提问者要从简单到复杂、由表面到深层，逐步提高问题的难度，增加问题的深度，确保每个级别的问题都能够有意义地引导 AI 进行回答。

3. 合理推进：每个级别的问题都应该在前一个级别问题的基础上推进，以逐渐引导 AI 做更深入的思考。确保问题之间逻辑关系正确、连贯，才能使 AI 有条理地进行思考和回答。

19 情绪分析提问：
让 AI 更有"人情味"

人与 AI 最大的不同在于，人是情感动物，而 AI 没有感情。这并不妨碍双方交流，我们与 AI 交流，可以引导 AI 变得更有"人情味"，从而让其更了解我们，更精准地满足我们的需求。

怎样才能跟 AI 建立好的"人机关系"，让它更有"人情味"呢？策略如下。

✓ **调整语言风格**
在与 AI 对话时，可以使用更亲切、友好的词汇和句式，避免进行过于正式或技术性强的表达；也可以使用表达情感的词汇，以引导 AI 理解和回应我们的情感状态。

✓ **提供更多背景信息和资料**
AI 可以分析之前的对话记录或问题背景，以理解提问者的意图和需求，并提供更贴切、更个性化的回答。

✓ **进行评价和反馈**
对 AI 的回答进行评价和反馈，可以引导 AI 不断分析评价和反馈以改进回答，逐渐提升"人情味"。

例如：中秋节前，你要给客户发送一封问候邮件，但不知道该怎么说，这时候就可以找 AI 帮忙。

❓ （提供上下文背景及调整语言风格）马上要到中秋节了，我需要给客户发一封问候邮件，请帮我写一封，邮件要充分表示我的尊敬。

AI 尊敬的客户：

中秋佳节即将来临，我希望借此机会向您表达我对您的尊敬与感激之情。（更多内容，略）

❓ （进行评价和反馈）我觉得表达尊敬的感觉还不够，请你再让语言更富有情感。

AI 尊敬的客户：

我怀着无比崇敬和由衷的情感，向您致以最深沉的问候和最诚挚的祝福！在中秋佳节来临之际，我想向您表达我对您的无尽敬意和深深的感激之情。（更多内容，略）

情绪分析提问是一种通过训练来引导 AI 模仿人类表达情绪、感受，从而让 AI 生成的内容更有"人情味"的提问方式。

更多情绪分析提问的应用案例如下。

应用场景	情绪分析提问
员工情感评估	从刚才我发给你的员工对公司的评价中，你可以感受到员工的哪些情绪
客服支持	这段人工客服对话中，用户的感受如何？可以从哪些方面优化人工客服
媒体监测	× 品牌在公众心目中的形象如何？请用正面、中性或负面进行评价，并描述原因

拓展应用

在与 AI 进行交流时，运用情绪分析提问可以使 AI 帮助提问者提高在某些沟通场景中的沟通效率和质量，并制订更好的战略。

这种提问方式还可以应用在很多场景中，例如企业招聘、心理咨询等领域，AI 能帮助企业更好地满足客户需求，提高交易成功的概率。

1. 企业招聘：让 AI 帮你招到合适候选人

在招聘过程中使用情绪分析提问可以帮助面试官更好地评估候选人的情绪管理能力、人际交往能力和情商。

> ❓ 我是一名面试官，想让候选人回答一个开放性的问题，以便通过这个问题了解他的情绪或感受。请你提供问题。
>
> ⒶⒾ "当您面对一项挑战或者困难时，您通常会如何应对？请分享一次您在这种情况下的经历和感受。"
>
> ❓ 请你提一个问题，让候选人回顾过去的工作或项目经历，并评估他们在压力下的情绪表现。
>
> ⒶⒾ "回想一次你在工作中面临巨大压力的情况，你是如何管理自己的情绪的？"

2. 心理咨询：帮助患者更全面地应对情绪问题

在心理咨询中使用情绪分析提问可以帮助咨询师更好地了解患者的情绪状态、情感体验以及潜在的心理问题。

❓ 请提供一个开放性的问题来探索患者当前的情绪状态。

AI "你现在的情绪是什么样的？"或者"有没有什么特定的事情让你感到忧虑或不安？"

❓ 如何向患者提问来了解患者情绪波动的触发因素？

AI "你注意到有什么特定的情境或事件会导致你的情绪变化吗？"

❓ 引导患者探索情绪的积极面，并帮助他们寻找积极情绪的来源和触发因素。

AI "你有没有感受到某些积极的情绪？这些情绪是如何产生的？有没有什么活动或人与之相关联？"

注意事项

1. 在提问之前，要明确想要分析的情绪类型：是针对正面情绪、负面情绪还是中性情绪进行分析。明确目标将有助于提问者更准确地分析和解读 AI 的答案。

2. 尽量避免在问题中包含主观假设或个人偏见，AI 进行情绪分析应该基于客观的数据和文本内容，而不是提问者的主观判断。

20 复合型提问：
多维度获取信息

　　某报纸刊登了一篇关于某个科技公司发布最新产品的新闻报道，你打算向一位看过这篇报道的同事打听产品的相关信息。应该如何提问呢？

　　提问一：

　　这篇报道提到了哪个科技公司的最新产品？

　　如果这么问，你只能知道产品属于哪家科技公司。

　　提问二：

　　这篇报道提到了哪个科技公司的最新产品？产品的名称是什么？（基本信息维度）

　　新产品具备哪些独特的功能或技术特点？（技术细节维度）

　　这个新产品预计会对市场产生怎样的影响？是否有竞争对手？（市场影响维度）

　　报道中是否提到了用户对新产品的反馈或评价？（用户体验维度）

　　提问二能确保你全面了解那篇新闻报道的信息。相比之下，提问一提出的是单一问题，无法涵盖更多维度的信息。

　　在这个场景里，提问二使用了复合型提问，提问者从多维度入手，提出更具体的问题，从而能获得了更全面和更准确的答案。

　　通过复合型提问，提问者可以让 AI 从不同维度回答问题，从而得到更全面、更深入、更准确的答案。

　　请试着对比分析以下电影评价场景下的不同提问方式。

常规提问

? 《星际穿越》这部电影怎么样？

复合型提问

? （影片评价维度）《星际穿越》得到了哪些积极的评价？

（剧情维度）《星际穿越》的剧情有何特点？是否有悬疑元素？

（导演风格维度）导演克里斯托弗·诺兰在这部电影中有何独特的创作风格？

（角色表演维度）主演的表演如何？是否有突出的演技表现？

（视觉效果维度）电影的视觉效果如何？是否有令人印象深刻的特效场景？

好的复合型提问是指提问者从不同维度思考后，先获取相关信息，再提出有针对性的问题，从而获得更清晰、明确的答案。

如果提问者针对自己要分析的问题，不知道从哪些方面来研究，可以先询问 AI，然后从 AI 给出的多个维度中进行选择，继续向 AI 提问，从而得到想要的答案。

我们来看复合型提问在几个不同场景下的应用案例。

例：评价手机性能

> ❓ 可以从哪些维度评价××手机？请提供具体的提问示例。
>
> ⒶⒾ **1.** 性能维度：这款智能手机的性能如何？有哪些优点和缺点？
>
> **2.** 摄像功能维度：这款智能手机的摄像功能如何？是否有专业级拍摄能力？
>
> **3.** 用户体验维度：用户使用体验如何？例如操作流畅性、电池续航能力。
>
> ❓ 请从以上3个维度帮我评价这款手机。
>
> ⒶⒾ 用户普遍认为这款智能手机的性能表现出色。它的处理速度快，运行流畅，能够同时处理多个任务。其优点包括强大的处理器、大容量内存和高速存储，缺点可能是在高负荷使用时会出现发热现象……

例：分析会议报道

> ❓ 分析一场会议报道可以从哪几个维度展开？请提供具体的提问示例。
>
> ⒶⒾ **1.** 会议议程维度：报道中提到了这个会议的主要议程是什么？
>
> **2.** 重要发言人维度：哪些重要人物在会议上发表了讲话？他们提到了哪些关键信息？
>
> **3.** 会议成果维度：报道中提到了这个会议取得了哪些重要成果或达成了哪些共识？
>
> **4.** 影响力维度：这个会议对相关领域的发展和国际合作有何影响？

❓ 请从以上 4 个维度帮我分析这篇报道。（报道的内容，略）

🅰️ 报道中提到，会议的主要议程包括主题演讲、小组讨论、分论坛等。具体的议程可能包括不同主题的演讲、专题讨论以及与会者之间的交流互动。

报道中指出，在会议上有多位重要人物发表了讲话，例如行业领袖、专家学者或政要。他们可能提到了当前领域的热点问题、最新的研究成果、政策倡议等关键信息……

例：评价酒店

❓ 评价一家酒店可以从哪些维度着手？请提供具体的提问示例。

🅰️ **1.** 服务质量维度：评论中提到了这家酒店的服务质量如何？有哪些优点和缺点？

2. 餐饮体验维度：评论中有人提及酒店的餐饮体验吗？如何评价餐厅的菜品和服务？

3. 房间设施维度：评论中提到了酒店房间的设施和舒适度吗？酒店是否有高级房型可选？

4. 地理位置维度：评论中是否提及酒店的地理位置和交通便利性？酒店是否靠近主要景点或商业区？

例：点评论文

❓ 点评一篇论文可以从哪些维度着手？请提供具体的提问示例。

··

🅰 **1.** 研究目的维度：这篇论文的研究目的是什么？它解决了哪些医学领域的问题？

2. 方法和数据维度：论文使用了哪些人工智能技术和数据集进行研究？数据的有效性如何？

3. 实验结果维度：研究结果显示人工智能在医学领域的应用效果如何？是否有显著的改进或突破？

4. 应用前景维度：论文中是否讨论了人工智能在医学领域的应用前景？它对医学研究和临床实践有何影响？

例：调查品牌

❓ 调查一个品牌可以从哪些维度着手？请提供具体的提问示例。

··

🅰 **1.** 关键话题维度：报告中提到的哪些关键话题与该品牌有关？这些话题在舆情中的表现如何？

2. 情感倾向维度：社交媒体用户对该品牌的情感倾向如何？有积极的评论或负面的批评吗？

3. 用户参与维度：报告中是否提到了用户在社交媒体上与该品牌的互动？是否有用户反馈的内容？

4. 品牌形象维度：报告是否讨论了该品牌在社交媒体上的形象和声誉？有什么关键观点或观察结果？

拓展应用

在与 AI 进行交流时，使用复合型提问可以使 AI 更深入地探索主题，更好地满足提问者的需求，并提高双方对话的质量。以下是复合型提问在文章创作和历史研究领域的应用案例。

1. 文章创作：让 AI 帮你提升文章可读性

以下是在创作一篇题为《PPT 是职场人必备技能》的文章时，使用复合型提问的示例。

> ❓ 我在创作一篇题为《PPT 是职场人的必备技能》的文章，可以从哪些维度着手来搭建文章的框架？请提供具体的提问示例。
>
> ---
>
> 🅐 **1.** 技巧维度：如何布局和设计幻灯片能提高演示时的吸引力？
>
> **2.** 内容组织维度：在一次职场演示中，如何合理组织内容以保持逻辑的连贯性？
>
> **3.** 可视化表达维度：如何运用图像、图表和图标等可视化元素来增强演示的效果？
>
> **4.** 演讲技巧维度：有什么技巧可以帮助职场人在演示中保持自信，引起观众的兴趣？
>
> ---
>
> ❓ 请你从内容组织维度和演讲技巧维度提供一些内容上的建议。
>
> ---
>
> 🅐 （AI 的回答，略）

2. 历史研究：让 AI 帮你理解历史

在历史研究领域，使用复合型提问可以让 AI 帮你更好地理解历史事件。

❓ 我想系统学习辛亥革命这一历史事件，应该从哪些维度着手？请提供具体的提问示例。

🅰 **1.** 事件背景维度：这个事件发生的具体时间和地点是什么？

2. 影响维度：这个事件对当时的社会产生了哪些影响？

3. 相关人物维度：与这个事件相关的人物有哪些？他们在事件中扮演了什么角色？

4. 成因维度：这个事件发生的原因是什么？

❓ 请从影响维度和成因维度帮我分析这一历史事件。

🅰 （AI 的回答，略）

注意事项

1. 确保生成的问题在维度上具有多样性。避免提问过于单一或集中在特定方面，要探索主题的不同维度和层面。

2. 使用复合型提问后，需要检查 AI 所生成结果的准确性和可读性，并对需要修改的部分进行修改。